气象科技论文写作与编辑要领

王银平 ◎著

内容简介

本书是作者从事气象科技期刊编辑工作二十多年的经验积累。书中，作者理论联系实际，以科技期刊编辑人的独特视角，指明了科技论文的写作要领、编辑要领与作者因素，剖析了提升科技期刊影响力和竞争力的编辑因素以及编辑与作者的关系，同时分析了未来我国科技期刊可持续发展可能面临的问题及相应对策，说理深入浅出，论述通俗易懂，指导实用性强。书中相关观点或结论，对经常撰写科技论文的研究人员、业务技术人员和管理人员，从事科技期刊出版工作的编辑人员，以及大气科学或相关专业学生都有参考价值。

图书在版编目(CIP)数据

气象科技论文写作与编辑要领/王银平著. --北京：气象出版社，2019.7

ISBN 978-7-5029-7002-4

Ⅰ.①气… Ⅱ.①王… Ⅲ.①气象学-论文-写作 Ⅳ.①P4

中国版本图书馆 CIP 数据核字(2019)第 150038 号

QIXIANG KEJI LUNWEN XIEZUO YU BIANJI YAOLING

气象科技论文写作与编辑要领

出版发行：气象出版社

地　　址：北京市海淀区中关村南大街 46 号　　**邮政编码**：100081

电　　话：010-68407112(总编室)　010-68409198(发行部)

网　　址：http://www.qxcbs.com　　**E-mail**：qxcbs@cma.gov.cn

责任编辑：郑乐乡　黄红丽　　**终　　审**：吴晓鹏

责任校对：王丽梅　　**责任技编**：赵相宁

封面设计：楠竹文化

印　　刷：三河市百盛印装有限公司

开　　本：710 mm×1000 mm　1/16　　**印　　张**：9

字　　数：183 千字

版　　次：2019 年 7 月第 1 版　　**印　　次**：2019 年 7 月第 1 次印刷

定　　价：55.00 元

前　言

20 世纪 90 年代中期，我有幸从气象科研业务技术岗位转到了气象科技期刊编辑出版岗位工作，转岗之后，我努力适应传统科技期刊转型升级发展和编辑岗位业务的需要，以促进气象科技进步、繁荣气象科技出版、服务气象科技人员为己任，乐作嫁衣，甘为人梯；在阅稿过程中，坚持树立科学意识、精品意识、服务意识，认真执行国家有关出版规范与标准；对初审稿件，基本能做到不厌其烦、耐心批阅、字斟句酌、仔细加工；即便是退稿，也力求给出对作者今后撰写科技论文具有一定指导性的评审意见。二十多年来，我应邀先后在湖北、湖南、河南、贵州、安徽、厦门等省市气象科研业务部门讲授气象科技论文写作知识近百场(次)；工作之余，坚持不懈地开展相关编辑学术理论与应用研究，先后发表编辑学研究论文三十余篇。《气象科技论文写作与编辑要领》一书就是基于上述背景和积累写成的。

毋庸置疑，做任何事情，都需要智慧和能力。所谓智慧，就是人们通常所说的智商。据科学家的研究，普通人的智商没有太大区别。但对做好某一件具体的事情而言，每个人的能力则存在区别，科技论文写作也不例外。科技论文现已成为广大科技人员展示科研成果、学术思想和专业技能的重要方式。科技人员要想向世人或同行证明自己的智慧和能力，发表科技论文无疑是一个行之有效的重要途径。那么，写作科技论文难不难？回答当然是不太难。科技论文有别于“文学作品”，其撰写者也并非文学意义上的“作者”；只要具备一定的科技知识基础和试验研究条件，再稍加训练，便可以写出基本符合期刊发表要求的科技论文。

在编辑工作中，我接触过不少气象专业技术人员，他们说自己写出的科技论文别说在学术层次较高的核心期刊上，就是在一般科技期刊上发表都不容易。是这些专业技术人员理论功底和业务能力不强？是他们不够勤奋、不够刻苦？还是他们单位缺乏相应激励措施和奖励办法？都不是。原因何在？既有客观上的原因，也有主观上的原因。客观原因有三：一是平时业务工作忙，上一天班，疲惫不堪，无暇顾及；二是缺乏科研课题经费资助，写论文纯属个人行为，在资料处理、文献查阅、实地调研等方面受到限制；三是缺乏专家指导，不了解科技论文的特点、结构要求、行文规范、投稿注意事项等，写出的论文质量不高。主观原因也有三：一是信心不足，望而生畏；二是疏于积累，不善总结；三是对新理论、新知识、新技术学习的主动性不强，知识趋于老化。

弄清了客观原因和主观原因，我们有理由相信，科技论文写作应该不是世界上最难的事，人人都可写出像样的论文。首先，写论文作为一项实践性很强的脑力劳动，作者有了写好论文的愿望之后，只要敢于实践、勤于实践、乐于实践，不断总结，必然熟能生巧，越写越顺手。其次，科技论文写作本身也许并不难，难就难在写作前的精心准备和充分积累，科技论文是一种特殊的科技文体，可以反映出作者的理论素养、知识储备、学术水平、思维能力和写作技能，考验的是作者的综合素质，不应寄希望于读一本介绍科技论文写作的书、听一次介绍科技论文写作知识与方法的讲座、参加一次专家学者云集的专业性学术研讨会，就能立竿见影写出高质量科技论文。最后，要写好科技论文，读书、听讲座、参加学术研讨会都是必要的，而且多多益善。

《气象科技论文写作与编辑要领》旨在给阅读者提供一些力所能及的帮助。立足于本人从事气象科技期刊编辑工作二十多年的经历与肤浅认识，试图以科技期刊编辑人的视角，探寻科技论文的写作要领、编辑要领与作者因素，剖析提升科技期刊影响力和竞争力的编辑因素以及编辑与作者的关系，探讨未来我国科技期刊可持续发展可能面临的问题及相应对策。我愿意与致力于科技论文写作的研究人员、业务技术人员和管理人员，从事科技期刊出版工作的编辑人员，以及大气科学或相关专业学生等群体分享书中的相关要领、观点或实践心得，但书中难免存在疏漏或谬误，真切希望写过、发表过科技论文的作者以及编辑同行不吝赐教、批评指正。

最后，感谢中国气象局武汉暴雨研究所对本人从事编辑研究工作以及对本书出版给予的大力支持。此外，我要特别感谢原湖北省气象局副局长、研究员姜海如同志，这本书不仅是在他的启发和激励下完成的，他还事先为本书拟定了书名和提纲，并对初稿提出了宝贵意见；对成书过程中他所给予的无私帮助，我尤为感动。

作　者

2019 年 4 月

目　　录

第一章　气象科技论文写作要领

气象科技论文是气象研究人员、专业技术人员、服务人员、管理工作者以及在校气象专业学生等（以下统称为作者）反映学术思想、表达学术观点的主要形式之一，也是公开科学技术和科研成果的重要方式。科学、有效地写作科技论文是气象科技工作者和管理工作者应具备的一项基本技能。然而，在平常的编辑工作中，发现不少气象专业技术人员和管理工作者对科技论文的写作要领并不十分了解，所投稿件存在诸多问题，从而影响了科技论文的顺利发表或及时发表。广大气象科技工作者要想尽快提高科技论文写作水平、不断写出更多更好的科技论文，应当熟悉并掌握科技论文写作的若干要领。

第一节　气象科技论文的质量及其评价标准

近二十年来，随着科学技术、信息技术和出版技术的迅速发展，科技写作方式发生了明显变化，特别是对论文格式、行文规范、语言表达、图表制作与使用等提出了更加严格的要求。同样是写作科技论文，有的作者能做到研究目的明确、研究方法得当、结论简练新颖，且结构严谨周密、脉络清楚明晰、衔接自然紧密、文字通顺、逻辑性强；而有的作者撰写的科技论文，选题陈旧、规范性差、资料不全、结论不新、语言文字叙述紊乱，甚至只是简单重复前人已有研究成果，或是阐述教科书早已阐明的科学原理，或研究结果明显落后于前人已发表论文中的相关结论。科技论文写作实践表明，有些作者对其质量要求与评价标准并不十分清楚，即使略有所知，也可能存在不知在实践中如何把握或使用的困惑，这势必会影响科技论文的写作质量。因此，了解科技论文的质量与评价标准，对这部分作者在写作实践中树立信心、养成良好习惯、少走弯路、不断提高写作效率和写作水平尤为重要。

一、科技论文写作具有双重转化特征

毋庸置疑，写文章或写作是一项综合性很强的脑力劳动与实践活动。科技论文写作具有双重转化的特征。第一重转化是自然现象和客观事物向认识主体（大脑）的

转化，并逐渐转化为作者的独立思考、实践探索和科学认识，这一转化是功能、客观、本质的转化；第二重转化是作者的独立思考、实践探索和科学认识向语言文字表达的转化，并形成书面的科技语言，这一转化是理性、有序、缜密的转化。具体到科技论文写作，就是作者将自己的新思维、新观察、新发现、新观点、新成果等运用本学科本专业的术语和符号，为实现一定的意旨（解决基础理论问题或应用与技术问题），按照学科专业符号规则组织起来的符号系统。这一符号系统是多样的，组织编码是科学的、严格的，意旨是多层次的、有逻辑的、含蓄的（宇文高峰，2001）。

绝大多数气象科技工作者撰写的论文，都属于气象科技论文范畴。气象科技论文是指通过对气象学科领域中的科学问题（包括气象业务、气象服务、气象行政管理中的学术问题和专业技术问题）进行客观、缜密、深入的探索、讨论、研究之后，为公布研究成果而写成的论文。它可以陈述气象科技人员在某一领域中的发现或发明创造，提出有创建性的见解，也可以是对已有见解或观点的论证补充，或是将零散材料系统化而使之升华出新观点；还可以否定或部分否定前人或他人甚至自己的学术观点或结论，得出符合客观事物发展变化规律的新认识、新论点。

二、科技论文质量的内在规定性

（一）科学性

科学性是科技论文质量的首要规定性，主要体现在选题的科学性、思维的科学性与方法的科学性三个方面。

（1）选题的科学性。自然界或现实生活中的任何问题并非都可不加选择地作为科技论文的写作对象。这就要求科技人员在确立选题时，既要有科学的态度，也要有科学的理论依据。任何有学术价值的选题都能够揭示自然现象的变化规律或反映客观事物的本质，作出是这样或不是这样的判断与推理。那么，要做到选题符合科学理论，就必须对选题有深入的了解和全面的审视。对于选题，如果知之甚少，很可能就是想当然或主观臆断；如果不甚了解、一知半解，就会人云亦云、难有新意。不管是哪种情况，都不会由此选题出发撰写出高质量的科技论文。因此，必须提倡并坚持选题的科学性原则。

（2）思维的科学性。科技论文作为一种反映科学理论思维成果的文体，再现的是作者对有创造价值的最新研究成果所形成的理论分析和科学总结。思维的科学性，要求一切从实际出发，如实反映客观事物或自然现象，揭示其本质规律，不带个人偏见，不允许主观臆断和凭空捏造。要写出具有科学价值、遵循科学规律的高质量科技论文，作者必须善于运用科学思维并使用归纳与推理、分析与综合等逻辑方法。如一篇题为《对××县一次雷击事故的原因分析》的论文，作者未做详细调查分析，将建筑物造得太高归结为造成雷击事故的原因之一，该观点显然缺乏科学依据。

（3）方法的科学性。离开了科学方法的引导和应用，研究活动就会带有主观性、随意性和盲目性，撰写的科技论文的质量也会打折扣，甚至无质量可言。因为科技论文写作以科学研究为基础，在对某一选题进行研究的过程中若方法选择不当，就不可能得出正确的研究结果，该研究自然就失去了科学价值。所以，在撰写科技论文之前，必须充分考虑研究方法的科学性与适用性。任何一种方法，其再好也不可能解决本学科、本专业或本行业中的所有学术问题，科学方法的使用只有在一定条件下才能达到预期目的，那种对科学方法牵强附会的移植或嫁接只能削弱科技论文的科学性。

（二）学术性

学术性是科技论文质量内在规定性的一个重要方面。学术是以探索未知为主旨而非以直接应用为目的的学问，学术性则是学问研究中追求未知的探索性和超越现实的非直接应用性。学术性要求科技论文必须呈现新知新见，如果一篇科技论文不能为本学科、本专业或本行业提供新理论、新方法、新资料、新发展与新设计等新知新见，则意味着该文缺乏创造性、学术价值不大、指导性差，无论是对理论发展还是实际应用都不能产生应有的指导作用。科技论文的学术性重在发现、探索和解决新问题，最忌重复别人已有的研究工作。

（三）论述性

论述性是科技论文有别于工作汇报、通讯报道、科普小品等文章类型的质的规定性。科技论文写作以论述为主。论述即理论性的描述，以分析为主，叙述为辅。科技论文有别于工作总结的是，工作总结只需客观陈述事实、规定、目的、要求、结果等，让读者能够获得所需要的知识、认知、信息等；而科技论文旨在影响同行读者的思维与行为。如果一篇科技论文仅局限于材料堆积和数据罗列，只需要叙述方式就够了；如果还要进一步阐明新观点、新方法、新发现，就必须通过论述方式才能达到目的。科技论文论述性规定：一要行文严谨，做到有理有据，推理严密，无懈可击；二要论点清楚，论据够用；三要结论正确可信，不能含糊其辞或似是而非；四要保证在科技论文结构上层层递进、环环相扣、首尾照应、全文贯通、严密无隙，中心论点与各分论点之间、部分与整体之间逻辑严密。对论述性的把握，要求作者具有较高的语言文字表达水平，而语言文字应用不仅是一种需要学习掌握的知识，更是一种融汇了知识与经验才能获得的实际技能。

（四）指导性

指导性是科技论文在服务性和实用性方面的内在规定性。科技论文写作是一项有益于科学技术发展、社会进步和知识信息传播的实践活动。科技论文在科技期刊上公开发表，其目的不单是满足作者自身的某些功利性需求，更重要的是通过广泛传播给予同行或有兴趣的后继研究者提供具有学术价值或应用指导意义的新信息，或指明此项研究中当前存在哪些亟待解决的科学热点难点问题和可能的突破方向、方法，供读者参考与借鉴，不断催生新的研究成果。很难想象，一篇难以激发作者阅读欲望并产生共鸣（并非因为学术上的深奥或生疏）的科技论文会产生多大社会影响。这就需要作者在撰写科技论文之前，站在同行读者角度思考所做研究和所写论文的出发点与落脚点，以及论文能给同行的实际科研或业务带来哪些帮助。

三、科技论文的质量标准

质量是科技论文能否在科技期刊上得以及时顺利发表的关键因素，但不同科技期刊由于定位不同，在发表科技论文时所确立的质量标准存在一定差别。无论科技期刊定位如何，在选择科技论文时都会不约而同地遵循一些基本的质量标准。这些基本的质量标准可用六条十二个字来概括，即真实、新颖、有用、有序、简洁、和谐（钱文霖，1992）。

（一）真实

真实是衡量科技论文质量高低最重要的标准之一。在一篇科技论文中，如果观测资料失真、试验数据有误、研究方法不当，其结论自然也不可能正确。真实是一切文章的生命之所在，科技论文更是如此。事实（现象）与数据（资料）是构成科技论文的基础，数据（资料）只有真实可靠，方能保证使用这些数据（资料）对该事实（现象）的分析研究所得出的结论或观点是科学的、正确的和令人信服的。这就要求文中所使用的数据（资料）确凿、查有实据，统计数据精确无误。

在写作科技论文时，为了让读者尤其是同行认可该文资料和结论真实可信，多使用陈述句、主动句、复合句，一般不用疑问句和祈使句，少用修饰性形容词，忌用“可能”“大概”“或许”“较好地”等不确定性词语表述；如果文中引述公用公知的科学原理、他人的理论学说和学术论断等，要符合原意，并注明参考文献，以确保引证材料真实，切不可断章取义、随意转引甚至将自己的想法或观点强加于人。

值得注意的是，有极少数作者可能为了达到某种功利性目的，发表论文心切，在写作过程中一旦遇到资料统计数据与自己所希望的研究结果不相符或相违背时，严重背离学术道德，不惜捏造、篡改试验数据，以编造“规律”或“新发现”。实际上，这种依靠虚构事实、杜撰或编造数据写作论文的有意造假者毕竟是极个别人，更多的则是试验设计不合理、资料质量控制缺失、统计方法使用不当、对原始资料或统计数据未加认真甄别和核实等原因造成的无意出错。但不管是有意造假还是无意出错，都是论文内容不真实的表现，这样写成的科技论文显然无真实性可言，更不可能保证学术质量。

（二）新颖

一篇科技论文投到科技期刊编辑部之后，能否通过从初审到终审流程所有审稿环节并最终在期刊上发表，很大程度上取决于该文是否新颖。新颖是科技论文有别于其他类型科技文章的显著特征，也是衡量科技论文质量的一项基本标准。科技论文写作以科学研究为前提，要求报道前所未有的新理论、新发现、新发明、新技术或新方法等新信息。然而，科学研究本身并非从零开始、无中生有，而是以前人或他人积累的科研成果为起点，探求新的进展、新的突破。新颖性源于创造，唯有创造，才显出与众不同，或揭示新的规律，或得到新的认识，或实现新的功能。科技论文是否具有新颖性，既反映出作者的探索精神、科研能力和学术见解，也在很大程度上可以判断科技论文的质量高下。

（三）有用

有用是一种通俗的说法。对科技论文而言，有用反映的是何目的性和功利性；有用不是狭义的实用性，还含有善的成分。具体到一篇科技论文，有用包括两层含义：一是对促进科技事业发展和社会进步有用；二是对提高期刊的学术影响力（如影响因子、被引频次等评价指标）和核心竞争力有用，要求论文符合科技期刊的办刊宗旨，即作者应选择合适的科技期刊发表自己的论文。尽管写作科技论文不要求有明显的功利性，但一项毫无用处的研究或发明是无法得到社会承认的，更谈不上保证质量。某些单纯为追求发表而写成的科技论文，其质量必然要大打折扣。

（四）有序

有序是规律性的一种表现形式。科学研究的结果可能有序，也可能无序，这取决于具体的研究对象，但形成的科技论文必须有序。作为科技论文的质量标准，有序包括三个方面的具体要求：一是论文铺陈有序，如符合词法、语法、章法等；二是逻辑推演有序，如遵循概念、判断、推理的规则；三是结构形式有序，一篇严格意义上的科技论文，应该包括题名、作者署名、摘要、关键词、引言、资料与方法、结果与分析、结论、参考文献等构成要件，各要件不仅排列先后有序，且其写作规则（这种规则是有序的）是明确而具体的，如引言，就应依次交待四个问题，一是为什么要做这项研究，二是在这一研究领域前人做了哪些工作，三是本研究与前人同类研究有何区别，四是本研究期望达到什么目的。因此，在写作科技论文时，作者应当做到条理清晰、脉络分明、层次井然。一篇高质量的科技论文，其论述顺序必然清晰并符合逻辑。很难想象，一篇行文无序的科技论文能够将研究结果叙述清楚，这样的论文也自然谈不上高质量了。

（五）简洁

简洁是科技论文质量的重要体现，其主要是对科技论文语言的规定性。科技论文语言包括数字语言、符号语言、数学语言、图表语言、计算机语言和文字语言，在科技论文写作过程中必须按照这些语言的各自特点，规范地加以应用（施珏，2001）。简洁的对立面是啰嗦、晦涩、重复。如不少作者在写作论文的摘要、引言、结论时往往内容重复，究其原因，主要是作者不清楚三者在文中各自所起的作用（唐巧风和史庆华，2002）。当然，简洁，不等于无原则的简单，要把研究内容完整地表达出来，就必须进行详尽解释，如果只是为了节省文字，在没有完全揭示研究对象的特征时便匆忙收笔，这种做法显然是偏误地理解了“简”或“简”而不当。

（六）和谐

和谐可以视为一篇科技论文质量所能达到的最高境界，也是最难实现的一项质量标准。无论有多难，作者都应努力追求将科技论文写得尽可能和谐。和谐具体包括三个方面：一是全文主次分明、详略得当，如果将引言写得洋洋洒洒，动辄上千字，而“结果与分析”只是寥寥数语，这显然有失和谐；二是前后照应，科技论文总体上是按照提出问题、分析问题、解决问题的逻辑思路展开的，假若提出一个问题后，分析和解决的是不同问题或不完全相同的问题，则上下文缺乏逻辑关联，就不和谐了；三是图（表）文并茂，图表在科技论文中对内容表达起着不可替代的作用，图表使用要求具有自明性、规范性和一致性，所谓一致性，就是图表中的结果要与正文中的相关叙述保持严格一致，如果图（表）文内容彼此脱节或存在出入，就会失之和谐。对科技论文写作者而言，和谐说起来容易，做到很难，唯有多学习、多思考、多实践、多总结，才能达到此种境界。

第二节　气象科技论文的选题原则与渠道

在以科技创新为引领开拓气象现代化发展的新时代，气象科技人员的科研和写作领域越来越广阔，但科研和写作的难度也相应增大，尤其是对于大多数没有科研课题的气象业务和服务人员来说，撰写和发表科技论文所面临的困难更大。这部分作者往往在真正动笔写作论文时，不是不清楚该如何写而是不知道写什么，苦于难以确定一个恰当的选题。选题是气象科技论文写作诸多环节中的重要一环，在很大程度上决定了研究范围和研究方向，也关系到科技论文的写作目的与学术价值。由此可见，合适的选题是开展研究的良好开端，也是撰写科技论文的基本前提。要想写出质量高、创见性突出的科技论文，就必须充分认识到选题的重要性，了解有关选题原则，掌握各种选题方法，以此引领科技论文写作实践。所以，气象科技人员要想提高科学研究能力和科技论文写作水平，懂得科技论文选题规则、熟悉选题渠道是非常必要的。

一、选题原则

所谓选题，是指在特定问题所涉及的范围内，经过筛选、拓展、推断、限制、比较权衡和抽取之后，将某一问题或其侧面确定为研究对象，进而确定为论文的论题。选题工作无论是对科学研究还是对科技论文写作都具有举足轻重的作用。对作者而言，选题无优劣之分、无高下之别，只存在合适与否；寻找并确定一个合适的选题，不仅有规律可循，也存在若干技巧，但作者首先要理解和明确选题的有关原则。

（一）现实的需要性

满足现实需要这一原则规定了气象科技论文选题的目的。现实需要是气象科技人员开展科学研究、撰写科技论文的强大推动力，并为气象科技人员取得研究成果、发表科技论文提供了广阔的空间和有利条件。这一原则要求气象科技人员在选题时，必须站在促进气象现代化快速发展、提高气象业务水平、增强气象服务能力或提升气象管理水平的高度，端正写作态度，纯洁写作动机，不只是单纯追求论文在哪一级别的科技期刊上发表，还要保证研究成果和学术论文满足气象科研、业务、服务及管理等一个或多个方面工作的需要。值得一提的是，选题的现实需要是指满足气象事业发展和气象科技进步的长远需要和近期需要，但与作者追求个人荣誉、实现人生价值的自我需要并不矛盾。

（二）独到的创见性

这一原则规定了气象科技论文的选题应有新颖独到的创造性，要着眼于别人未能提出和解决或未完全解决的问题，保证论文中多少有一些新发现、新观点、新结论或新对策。也就是说，该原则要求选题必须具有显性价值或潜在价值。那种人云亦云的观点、可有可无的内容、似曾相识的论断、靠复制粘贴拼凑的文字，绝不是真正意义上的科学研究与科技论文。因此，在气象科学技术发展日新月异的新时代，有志于创造或创新的气象科技人员要敢于站在前人的肩膀上标新立异，大胆探索，以敏锐的目光和深刻的洞察力观察，分析气象科技领域层出不穷的现实问题，把思维的触角伸向有创见性的课题，刻苦钻研，奋发有为，提出真知灼见，提供能够切实解决问题的途径与举措。

（三）科学的理论性

这一选题原则规定了选题的学术高度。自然界或现实中的任何问题，并非都可将其不加选择地作为科技论文的选题。这一原则强调，气象科技人员在确立选题时，既要有科学态度，也要有科学理论依据。任何真正意义上的选题都要求能够揭示自然现象变化规律或认识客观事物本质，做出是这样或不是这样的判断与推理。那么，要做到选题符合科学理论，就必须对选题有深入的了解和全面的审视。对于选题，如果一无所知，那就只能想当然或主观臆断；如果不甚了解、一知半解，那就会片面认知、敷衍成文。不管哪种情况，都不会由此选题出发写出有新意的、规范的高质量科技论文。因此，必须提倡和坚持选题的科学性原则。

（四）完成的可能性

这一原则规定了选题的难度应与气象科技人员的科研环境、研究能力相一致。换句话说，无论多么有价值的选题，缺少了研究的可行性和完成的可能性，其他原则都变得毫无意义。假使一个县级气象台站的业务人员将一种新的数值天气预报模式的研制开发作为研究对象，就很难在有限的时间内据此写出一篇足以有效发表的科技论文。这倒不是有意挫伤任何气象科技人员涉足高新科技领域的热情，而是客观条件不允许、不成熟。因此，在具体选题时，切忌盲目攀比、赶"时髦"，要量力而行，充分考虑到自身的知识结构、理论素养、工作性质、试验设施、写作经验等一系列主客观因素，力求使主观愿望同客观现实、写作动机和写作效果达到统一。

二、选题渠道

（一）结合本职工作选题

对众多气象科技人员尤其是基层台站的业务人员来说，结合本职工作选取科技论文题目无疑是一种明智之举。因为长期处于业务工作的第一线，对本职工作涉及范围内的问题经常接触、认识深刻、思考较多，其中不乏"文章"可做。怎样才能从本职工作中捕捉到合适的选题呢？首先有一个认识问题，因为任何选题都不会从天而降，要做到高质量、高效率选题，就必须在平常的工作实践中树立选题意识，有所思考，有所积累，善于归纳提炼，才能发现新问题、找到新方法、提出新观点。如《小环境变化对地面风观测的影响》《使用地面测报微机处理系统需注意的几个问题》这两篇文章分别发表在《暴雨灾害》1998 年第 1 期和第 4 期，其选题均源于测报工作实际，在当时很有针对性和指导性。如果作者没有测报工作的经历，是难写出这类论文的。

有人认为，从事某一具体气象业务工作多年，许多选题已被同行捷足先登，再难以找到合适的选题。之所以存在这种困惑，不是选题少了，而是潜意识里有一种畏难情绪。任何科学技术的研究和探索都是无止境的。如果平时只满足于完成本职工作，缺乏思考、不善总结，疏于知识更新，对摆在面前的问题熟视无睹，再好的选题也会失之交臂。

为了从本职工作中不断找到切实可行的选题，气象科技人员除了充分考虑个人的专业知识结构和业务特长之外，还要勤做工作笔记，碰到技术难题，不回避、不放弃，要多查阅有关文献资料，虚心向身边的专家请教，尽量将论文写作与实际工作联系起来。

（二）从新理论、新技术、新方法的应用上选题

曾几何时，模糊数学方法、支持向量机、神经网络等一系列新的理论和研究方法进入气象科学领域，使得大量科研新成果相继问世。由此可见，新理论、新技术、新方法的运用能为选题提供新的机会。如发表于《暴雨灾害》1999 年第 1 期的《气象卫星遥感信息在湖北省森林火灾监测中的应用》一文，从介绍利用卫星遥感技术监测森林火灾的原理和基本步骤出发，探讨了这一新技术在湖北省森林防火中的作用与效益。这篇论文之所以能顺利发表，在很大程度上得益于围绕新技术选题。

对于基层台站的气象科技人员来说，要从新理论、新技术的应用上选题，其难度较大。不是这些科技人员不具备相应的知识结构与写作能力，而是缺乏配套的科研项目和资料来源。但如果能因地制宜、结合基层台站气象业务现代化建设进展和新的气象业务系统（产品）的推广应用进行选题，就不难写出指导性强的科技论文。如当有关地面气象观测、高空气象观测、大气遥感探测和气象卫星探测等新的仪器设备以及气象信息综合分析处理系统（MICAPS）、灾害天气短时临近预报业务系统（SWAN）等还处于试用阶段时，有人从其使用效果或维护方法上选题，很快就写成文章并发表出来。由此可见，只要做有心人，密切关注气象理论与业务技术的发展，科技论文选题是不难被找到的。

（三）针对地方天气气候特点选题

不同地区，其地理环境、自然条件、经济状况存在较大差异，其天气气候特点也有所不同。所以，从当地情况出发，有针对性地选择有关气象难点、焦点、重点问题作为气象科研课题，也能写出揭示地方性气象（候）问题的科技论文。如在《暴雨灾害》2007 年第 3 期上发表的《湖北省粮食生产中主要农业气象灾害变化分析》一文，作者针对当时湖北粮食生产中出现的一些气候影响问题，如频繁夏凉使山区粮食作物在生长期内热量不足而减产，引起平原和丘陵地区水稻产量较大波动，连续多年冬暖使冬小麦在冬前疯长、缺乏抗寒锻炼而易受低温冻害影响等，根据农业气象学原理和农业气象指标，统计、整合出对湖北省双季早稻、双季晚稻、一季中稻、小麦这四种主要粮食作物生产有影响的主要农业气象灾害，并对这些农业气象灾害变化对湖北粮食生产利弊影响进行了分析。再如，在《暴雨灾害》1999 年第 4 期上发表的《武汉市江夏区洪涝灾害成因及减灾对策》一文，作者基于江夏区地处长江中游南岸、境内有大小湖泊 108 个、汛期江河湖水泛滥、洪涝灾害严重的区情，分析了洪涝灾害的成因，提出了若干防御洪涝灾害的对策。以上 2 篇论文本无高深理论，也谈不上有多大的学术价值，但作者分别抓住如何在发展粮食生产中趋利避害、如何治理当地突出的水患问题献计献策，为地方政府切实解决这类涉及国计民生的大事提供了科学依据，其选题的现实意义一目了然。

（四）从不同学科的结合部位选题

现代各个学科呈现出了互相渗透、交叉和融合的趋势，气象学科也不例外。当前，气象学除了与传统的大气物理学、天文学、水文学、海洋学、农学等学科的结合越来越紧密之外，又不断向新学科渗透，医疗气象学、气象经济学、气象信息传播学等新兴学科已逐步建立是不争的事实。如果能专注气象学与其他学科的“结合部”并寻根究底，较容易取得突破性成果，也可据此写出学术价值较高的科技论文。如《城市居民中暑流行病学特征及其与气象因子的关系》一文，作者采取有关统计学方法，通过对武汉市 1994—2000、2002—2005 年共 11 年 1231 个中暑病例资料和逐日相关气象资料的分析，揭示了武汉市居民中暑流行病学特征及其与气象因子的关系。这篇从气象学与医学的“结合部”选题所写成的论文自然得到了编辑的认同，并在《暴雨灾害》2007 年第 3 期发表。

（五）针对已有的学术观点和科研成果选题

气象科技发展及其探索是无止境的。一个气象科技人员是否具有创新素质、创新思维、创新能力，是衡量气象科技人员素质高低的尺子，也是气象科技人员能否进行科技论文高效选题的关键因素。对于气象科技人员来说，在继承已有学术观点和科研成果的基础上还要敢于突破，依据气象科研与业务发展需要，不断审视科学定论，或发现偏差进行纠正，或发现缺漏加以弥补，或发现错误予以更正，这都可作为科技论文的选题。一个气象科技人员对前人学术观点提出质疑的素质不会与生俱来，其挑战权威的选题也不会凭空产生。这二者必须以长期的思考与探索、广博的知识和丰富的实践经验为基础。只有具备过人的学识，并反复甄别与推敲，才能筛选课题，大胆出新，在论文中提出独到见解。否则，是很难从前人的定论中发现问题并捕捉选题的。如发表于《暴雨灾害》1998 年第 2 期上的《对〈农业气象观测规范〉（上卷）中若干技术问题的商榷》一文，如果作者没有在实践中反复使用《农业气象观测规范》并对其有关规定进行理论思考与实践检验，岂敢商榷！

（六）从社会关注的气象热点选题

气象热点是指人们在一段时期经常谈论或又迷惑不解的涉及气象学科领域的新话题。从一定意义上说，气象热点本身就是一个学术问题。如温室效应、南极臭氧层空洞、厄尔尼诺、连续多年暖冬、城市化与极端降水等现象，无一不在影响着大气环境和人类社会。如果气象科技人员能够就此类问题展开研究，一定可以写出具有很高学术价值的科技论文。

一个气象科技人员理应对相关（并非全部）气象热点问题有浓厚的兴趣；否则，不仅获取科技信息的敏感性会变得迟钝，而且以往所学知识也会因长期得不到应用而日渐老化。试想，一个气象科技人员连对本学科领域同行普遍关注和热议的专业问题都漠不关心或熟视无睹，就不可能捕捉到最新选题。所以，一个想上进、敢担当、有作为的气象科技人员，不仅不会满足于做好本职工作，还会密切关注本学科的发展动态，跟踪学科热点，及时进行知识更新和积累。只有这样，才能保持思维敏捷，从所熟知的知识领域和科技前沿发掘那些有重大价值的课题，最终提炼出科技论文选题。如 2010 年 8 月 7—8 日甘肃南部的舟曲及其周边地区发生一次局地性强降水天气过程，有人根据地面加密雨量站、常规探空资料、卫星云图资料以及 NCEP 再分析资料，使用天气学诊断方法，对此次特大泥石流暴雨天气过程的降水特点、天气背景以及中尺度系统演变特征进行了分析，着重探讨了暴雨发生发展的主要天气学成因，写成《2010 年 8 月 8 日舟曲特大泥石流暴雨天气过程成因分析》一文投到《暴雨灾害》，该文很快在该刊2010年第3期发表。正因为该文研究的暴雨事件在当时社会关注度很高、社会反响很大，既新且热，自然就能得到及时发表。

当然，气象热点的影响范围是相对的。同样的天气事件或气候问题，也许从全球范围来看不足轻重，但从全国或全省乃至更小范围来看却是"当之无愧"的热点。如进入新世纪(2000年)之后，新一代天气雷达在全国各地相继安装并投入运行，但新安装的雷达不时发生雷击事故，此事引起了气象部门相关单位和防雷技术人员的普遍关注，有作者通过对全国已安装的新一代天气雷达雷击灾害的调查，结合湖北省武汉、十堰、恩施三部天气雷达雷击事故的分析，及时撰写了《新一代天气雷达雷击灾害实例分析及其防雷中的若干问题》一文，《暴雨灾害》于2007年第1期及时刊发了此文。显然，始终将视角瞄准气象热点问题，无疑能提高气象科技论文的选题质量和投稿命中率效率。

第三节　如何提高气象科技论文投稿命中率

写作并发表一定数量的科技论文已成为衡量气象科技工作者学术水平和工作能力最重要的指标之一。为了展示自己的科研水平和工作成绩，广大气象科技人员将相当一部分精力和时间都投入到了写作气象科技论文上，并希望通过科技期刊将写好的论文有效地发表出来。然而，不少作者尤其是工作在基层气象台站的业务人员，常为自己辛辛苦苦写出的论文被编辑退回而苦恼。那么，怎样才能提高气象科技论文的投稿命中率呢？这一问题为不少气象科技人员所关注。一篇科技论文能否正式公开发表，受多种因素制约，既有论文本身的质量问题，也有投稿期刊选择上的问题。

一、投稿命中率偏低的原因

(一)选题不当

选题恰当是科技论文能够得以顺利发表的先决条件。许多基层气象台站的科技人员发表论文的愿望较为迫切，而在选题上下功夫不够，且存在较大的随意性、盲目性、跟风性，凭印象和感觉选题的不乏其人，恰恰忽略了自己最适合写什么选题的论文才具有十拿九稳的投稿命中率；有些作者虽然认识到了选题关乎投稿命中率的问题，但在动手写作之前往往对选题的可行性、可操作性未加仔细探究，以致在具体写作过程中思路紊乱、难以为继。试想，让一位长期从事气象服务工作的人去撰写有关强对流天气预报分析方面的论文会是一种什么结果？何况现代气象科学技术在高度融合的同时也日趋分化，即使从事同一项气象业务工作而岗位不同的科技人员彼此之间也可能会有"隔行如隔山"的感觉。显然，在脱离自身实际专业技术岗位和撇开自身业务专长而写成的论文，其大多内容单薄、缺乏新意，发表的可能性不大。

（二）内容过于偏狭

任何科技期刊都会始终将读者需求作为办刊方向，稿件的录用主要取决于期刊的读者定位。要是一篇气象科技论文的内容过于偏狭，其读者面必然很小，被采用的可能性微乎其微，因为刊发这样的论文既不能体现期刊的特色，也不能产生预期的社会效益。如《暴雨灾害》编辑部曾收到一篇题为《电动机在气象部门的作用及其维修方法》的来稿，尽管其不失为一篇内容正确、结构合理的好稿，但具体到《暴雨灾害》，其内容的确过于偏狭了，该刊编辑考虑到刊物读者绝大多数是从事气象科研和业务工作的专业技术人员，没有几人是与电动机打交道的，从而认定该稿内容的指导性不强而将其退稿。

（三）文字表述欠佳

结构合理、层次分明、逻辑清晰、语言流畅是对所有文体的基本要求。对气象科技论文而言，在文字表述上还存在有别于科普、评论等其他科技文章的特定要求，如严谨、规范、简练、无歧义等。在气象科技论文作者队伍中，似乎有一种重“理”轻“文”的现象。有的论文总体质量不差，而在文字表述上存在的问题太多，如自相矛盾、搭配不当、成分残缺等语病比比皆是。试举一例：棉农只好任其（棉铃虫）繁殖，吃光了棉桃吃棉杆……。从字面看，这句话的主语是棉农，吃了棉桃吃棉杆的也是棉农，这显然不符合客观事实。该病句可改为：“棉农只好任其繁殖，任其吃光了棉桃吃棉杆……。要是一篇气象科技论文仅仅因为文字表述欠佳而耽误发表或不能发表，无疑是一种莫大遗憾。

（四）不为读者着想

写作并发表科技论文的目的是积累科研成果、传播科技信息、宣传科技知识、指导业务工作。这就要求作者在写作科技论文时除了具有科学求实的精神之外，还要有惠及广大读者的善意，一言以蔽之，就是多为同行读者着想，让读者读了这篇论文后能从中获益。然而，有的作者因功利之需而无形中淡化了写作科技论文的目的，其发表的功利性动机太过明显，如为了应付职称评聘、项目结题、年终考评等情形，有的作者平时不思考、不积累、不总结，写起论文时临时东拼西凑，明知水平有限且论文质量低劣，还到处托人情、找关系，全然不把同行读者的需要放在心上，其写出的论文不过是为了应急或凑数。这种粗制滥造的论文是很难瞒过期刊编辑的，也不会得到编辑通融，就更谈不上投稿命中率了。

（五）投稿刊物选择不当

投稿刊物选择不当也是有些作者投稿命中率不高的一个原因。特别是在基层气象台站，有的作者往往完成一篇论文之后，因急于发表，就凭感觉向外投稿，而恰恰忽视了对投稿刊物的研究，甚至在投稿之前，很少或根本不去了解所投科技期刊的栏目设置和投稿须知，以致论文选题与期刊宗旨相距太远，其结果只能是退稿。以《气象学报》《气象》《暴雨灾害》三种科技期刊为例，其用稿选择就各有侧重。《气象学报》所用稿件多偏向气象基础理论研究，更注重论文的学术水平和创新价值；《气象》所用稿件多偏向气象科技发展中的新思路、新方法、新成就，强调的是其业务技术的领先性和气象业务现代化建设中取得的新成果；而《暴雨灾害》所用稿件多偏向气象业务科技的推广应用价值，尤其要求论文对基层气象台站的业务工作能起一定的指导作用。由此可见，如果对投稿刊物缺乏细微比较研究，难免会影响投稿命中率。

二、提高投稿命中率的几点建议

（一）有的放矢

一篇气象科技论文脱稿之后，作者不宜急于投稿，有必要先对所投期刊的《征稿简则》或《稿约》认真地研读一番，并严格按照其“来稿要求”对自己所撰写的论文进行修正和规范，以便做到有的放矢。通常情况下，任何科技期刊在一定的时段内都确立有相应的选题重点，一个细心的作者总能据此揣摩到编辑的用稿倾向，从而在写作论文时尽量投其所好，这与不加选择随意投稿的作者相比，其投稿命中率要高得多。另外，值得注意的是，现在什么都讲究“策划”，科技期刊中的栏目就是编辑部策划的产物；如果作者足够细心和精明，就会仔细分析不同栏目中所发表的论文，从中窥探各栏目的特点并体会编辑特色。在了解栏目特点的基础上有针对性地投稿，其命中率自然会较高。

（二）树立读者意识

任何一份科技期刊，如果不为读者看好，也没有读者愿意阅读，都是没有影响力、竞争力和吸引力的表现，其生存都会举步维艰。因此，作为一个称职的气象科技期刊编辑都会始终如一地视读者为朋友，将读者需要作为办刊的出发点。从另一方面看，气象科技论文的作者也要树立读者意识，对读者以朋友相待；在写作论文时，保持一种乐意向“朋友”提供新知新见，给“朋友”释疑解惑、指点迷津，与“朋友”交流心得的平常心态；更重要的是，作者必须充分考虑到自己所探讨的问题、传达的信息，读者是否需要、是否喜欢、能否帮助他们解决什么，一个负责任、有担当的作者，在写作论文时不仅不会回避这些问题，还会把读者需求和读者利益放在第一位。只有心中装着读者，想读者之所想，写读者之所需，在这种心理暗示下写出的论文，其投稿命中率一般不会低。

（三）做个有心人

一定程度上，气象科技论文质量的高低取决于前期的准备是否充分。为了提高投稿命中率，作者应重视论文撰写前的准备工作，时时处处做有心人，如平常多关注科研动态，注意搜集资料，做好工作记录，尤其是要培养对科技信息的敏锐嗅觉。多年前，在一次去湖北荆州市组稿时，曾听说了这样一件事。一位入职不久、硕士毕业的年轻气象业务人员，在与一所大学的几位专家闲谈时，偶然听到其中一个专家提出“在荆州四湖地区不宜大幅度削减早稻种植面积”的观点。针对专家的观点，这位年轻人回单位后查阅了大量文献资料，并进行了实地调查，很快撰写出一篇相关的学术论文发表在某大学学报上。当时在四湖涝渍地区早稻种植面积日益减少的情况下，该文在当地产生了较大反响。所以，只要平时做有心人，不时思考一下论文是什么、写什么、怎么写，注重收集相关素材，善于学习有关论文写作技法，等真要写论文来时就不会感到茫然无措。

（四）学写短论文

科技论文写作不仅需要符合一定的格式要求，而且应当力求简明扼要，并非写得越长越好。有作者以为，论文篇幅越长，其质量越好，也表明自身学术水平越高。其实，这是对科技论文质量标准的一种误解。在科技期刊编辑看来，论文质量高低与论文篇幅长短没有必然联系，倒是希望作者依照“有话则长，无话则短”的原则尽量将论文写得短小精悍，而不赏识那些冗长啰嗦、空洞无物的“长篇大论”。因此，为了提高投稿命中率，尤其是论文初学者，不妨从学写短论文开始。怎样才能将论文写得短小精悍呢？首先，选题适中，量力而行，切忌贪大，以便掌控；其次，重视谋篇布局，反复推敲论文提纲，力求结构密实紧凑；最后，论文完成后，不急于投稿，在修改上狠下功夫，切实按照“做了什么，怎么做的，有何结果，结果意义何在”的逻辑流程对论文进行全面检查和精简，坚决砍掉那些无关紧要的背景文字。短论文于人于己都有益处。对于作者，论题集中，写和改都相对较容易；对于读者，查阅方便，易于理解；对于编者，易于编辑加工和排版。

（五）要有好文风

文风是科技工作者在写作实践中所表现出来的写作态度、写作风格与个性化写作行为。良好的文风意味着切实遵循自然科学发展规律，立足科技进步和读者需要，执着追求理论创新，注重理论与实践相结合，严格执行相关国家标准和规范，努力写出质量高、实用性强、为读者喜欢的科技论文。不良文风的主要表现是，治学不严谨，写作不认真，花钱买发表等，写出的论文多是东拼西凑，要么是简单地模仿他人已经发表的论文敷衍成文，不关心论文是否有新意；要么是对自己以往发表的同类论文进行“改头换面”，花两三天时间完稿，这种取巧“炮制”出来的论文，也许作者自己都不满意，但还是心存侥幸地将其投给科技期刊。作为报道科研成果和展示业务水平的一种手段，作者写论文多少要有点吃苦精神和奉献精神，在强烈功利目的驱动下不可能写出质量上乘的论文，因为科技论文写作本身就是一种艰苦而细致的高强度脑力劳动。尤其是在职称晋升、科研课题立项、年度述职考核等竞争都日趋激烈的当下，广大气象科技工作者在撰写论文时更要树立良好的文风，切忌心浮气躁、急功近利，如果能多一份平常心和利他心，其投稿命中率自然会有所提高。

三、其他

提高投稿命中率的关键在于全面提高科技论文的质量，只有高质量的气象科技论文，才能在气象学科最具影响力国际期刊或国内核心期刊上抢先发表。因此，作者必须在写作实践中不断强化自己的质量意识，投稿之前，多问几个为什么：结构是否严密？数据是否可靠？方法是否得当？结论是否准确具体？语言表达是否通顺？能否再深入一些？着眼点是否能更新更高一些？有条件的，要虚心向身边的专家或同行请教，正所谓旁观者清，往往能提出很好的意见。

另外，要想写出投稿命中率较高的高质量气象科技论文，无捷径可走，无诀窍可用，也不是短时间内可以企及的，得靠平时早准备、多琢磨、多钻研、多下功夫，写作时才会心中有数、少走弯路。为评职称或其他功利需要而突击写论文，有时效果就不会很理想。有趣的是，投稿之前，想得到特殊关照的不乏其人。其实，只要论文写得好，不论是谁，编辑都愿帮忙。

第四节　气象科技论文写作五忌

纵观全国各地气象科技期刊，其作者大多数是各省（区、市）基层气象台站的气象科技工作者，《暴雨灾害》也不例外。通过对近十多年《暴雨灾害》科技论文的审读和编辑实践发现：部分作者受知识结构、信息渠道、科研条件及写作技能等多种客观因素的限制，写出来的科技论文往往存在主题不突出、结构欠严密、层次不分明、文字不简练等问题。这些问题的出现，表明作者在写作上既有重视不够、功底不实的欠缺，也有不得要领的问题。

尽管各地气象科技期刊上发表的科技论文类型多样，较常见的有论著、研究报告、短篇报道、文献综述、技术总结等，写法不一。然而，只要是科技论文，除了在形式上要符合特定的格式规范和行文规定以及在内容上要体现其科学性、创造性、理论性与简洁性之外，还要在写法上注意“五忌”。

一、忌无的放矢

有些气象科技人员为了应付职称评定、项目结题、年终考评等而匆忙赶写论文，在这样的情形下，最容易发生写作动机狭隘、投稿目标不定、单纯追求发表等无的放矢的现象。发生这种现象的原因，一方面是作者存在急功近利的思想，平时对论文写作不感兴趣、不关心，“临时抱佛脚”；另一方面是作者平时忙于业务工作，没有足够的时间和精力学习科技论文写作知识、锻炼科技论文写作能力，到了真要写论文的时候，只能“临阵磨枪”。要想写好科技论文，作者必须从思想上高度重视，从行动上认真准备，避免无的放矢，这可从以下三个方面做起。

第一，心中要有读者。读者对科技论文阅读的兴趣大小、检索次数多少，从一个侧面反映出论文的质量优劣，也是衡量编辑水平高低的一个指标。因此，一个优秀的编辑总会努力将那些理论性强、指导性好、实用性高的科技论文呈现给广大读者。如果作者仅追求发表而不顾读者利益与需求，写出来的论文很可能是粗制滥造的，这样的论文无疑会遭到编辑拒稿。如曾有一篇关于二十四节气气候变化的科技论文投到《暴雨灾害》，经审稿发现，该文多是一些定性的节气气候变化描述，也没有提供资料来源和研究方法，估计作者同样没想过这篇论文是写给谁看的。考虑到该文与《暴雨灾害》读者定位不符，只能退稿处理。

第二，尽量符合期刊征稿要求。科技期刊在许多重要方面强调一致，但在基本要求一致的前提下，仍追求自己的特色，如栏目设置、选题策划、编排风格等方面，可能存在很大差别。因此，明智的作者在写作之前不仅会认真阅读所投期刊的《征稿简则》，还会从最新出版的 2～3 期刊物中探明编辑的用稿倾向。

第三，全面查阅文献并做好笔录。科技论文写作多以前人的研究成果为起点，并在前人研究成果的基础上加以创新、拓展；那种撇开前人研究成果、闭门造车的科技论文，其理论水平、学术质量、实用价值都一定不会太高。可见，围绕论文选题全面收集、查阅有关文献资料是非常必要的。通过对大量文献作一番分析研读之后，作者才能制订切实可行的研究计划并确定相应的写作内容，也才有可能写出超越前人的科技论文。

二、忌舍近求远

舍近求远，其表现有两种：一是作者凭着自己的所学专业或兴趣，脱离当前的工作岗位，撇开熟悉的业务技术领域，强迫自己去写与本职工作无关或联系不大的科技论文；二是使用过时的资料研究问题。

选题是科技论文写作的第一步，而且是最重要的一步。对论文初学者来说，坚持扬长避短、量力而行的原则是非常必要的。如果作者对选题不熟悉、不了解，就难以将论文写出新意和深度。曾有一个县级市气象局的领导，撰写了一篇有关降水日变化的论文，经编辑初审后就退稿了。究其原因，该作者“舍近求远”，没有考虑自己从事行政管理工作十多年而对降水气候变化研究并不在行的事实，必然事与愿违；如果该作者针对有关地方气象事业发展管理方面的问题展开研究，也许会有独特见解和值得推广的经验。显然，观测员不去总结测报经验和研究如何提高报表制作质量，预报员不去分析典型天气个例以及探讨新的预报方法，气象科技开发与服务人员不去关注工作中出现的新情况、新问题，要想写出高质量、高水平的科技论文，那是很难做到的。

科技论文能否发表，关键在于选题是否“新”，而选题是否“新”的关键在于研究资料（材料）和方法是否新。《暴雨灾害》曾在20世纪90年代末收到一篇题为《武汉××机场1月份雾的分析及其预报》的论文，该文所选用的是××机场气象台1974—1979年共6年的1月份气象资料，且不说××机场此前已经搬迁，仅从使用的资料看就太陈旧了，即使研究得到的预报方法对预报1月份大雾的准确率很高，这对不复存在的××机场来说已无多大现实意义。

三、忌贪大求全

撰写科技论文，往往是从资料收集整理开始的。通常，在写作之前，要最大限度地积累资料，但必须是必要的；而在写作时，要最小限度地使用资料，但必须是充分的。有的作者为了显示其研究成果的真实性与丰富性，在使用图表时，就容易犯贪大求全的毛病。审稿发现：有的图表与论点、论证无关或关系不大，只需简短文字就能论述清楚的，作者却不顾论文需要与否，随意且过多地设置图表；有的图表看上去信息量很大，占较大篇幅，其实真正与研究主题紧密联系的内容很少。因此，科技论文中的图表必须少而精，对可用可不用的图表要坚决不用，对图表中可有可无的内容要坚决删去。

另一种贪大求全的毛病常出现在文献的引用上。有的作者论述某一具体问题时，总担心编辑或读者不懂、不理解或不易接受，往往不惜笔墨解释问题的来龙去脉和大量转录参考文献中的内容。一般情况下，科技论文中的引文要尽量少且恰到好处，只引用有利于论点成立或论证需要的文字、公式、图表或数据。如引用数理公式时，可省去繁琐的推导过程；引用重要数据时，可不必描述测试方法。

第三种贪大求全毛病的发生与科技论文题名拟定不当有关。如类似题为《××地区气象灾害分析与对策》的论文，其选题范围太大，写起来难求精练。因为具体到某一地区，气象灾害的种类较多，对当地经济发展和人民生命财产的影响程度轻重不同，要在一篇5千字～6千字的论文中将影响一个地区的所有气象灾害的特征和发生规律分析清楚是相当困难的，如果仅就严重危及国计民生的1～2种气象灾害进行深入分析，无疑要容易得多。

四、忌人云亦云

在审稿过程中发现，科技论文中存在人云亦云现象，常见的表现形式为研究思路陈旧、研究方法老套、研究结论一般化，整篇论文给人一种“似曾相识”的印象。这种情况的出现，与作者的主观认识和客观努力均有关系。

主观上的原因较为复杂，大致有三种。一是作者思想上不重视，在写作论文时，无视有关规则和规范，一味模仿，不求甚解，拼凑成篇；二是作者心理上图省事、求稳妥，不愿突破同类选题现有的条条框框，沿袭前人的写作思路，套用前人的研究方法，不求创新，但求无错；三是作者存在畏难情绪，既不愿为写作投入必要的时间和精力，也不愿在深入细致的调查研究上下功夫。

客观上的原因主要是，作者气象专业基础知识不扎实，信息闭塞，研究手段落后，甚至有的作者缺乏最基本的科研训练与写作实践。如有的作者对相关数理统计学的基本知识尚未真正掌握，对前沿科技信息的重要性认识不足，选题陈旧，写出的论文基本上是 20 世纪 80 或 90 年代的水平。

要想避免科技论文人云亦云的毛病，作者应从以下三个方面去努力：首先，发扬求真求新的科学精神，严肃认真地对待科学研究；其次，养成独立思考的习惯，学会多向思维，不满足于定论，敢于质疑并提出个人独到的见解和观点；最后，夯实科研和写作基本功，勇于探索，大胆实践，及时总结经验。在此基础上，作者撰写科技论文的水平才有可能不断提高。

五、忌急于求成

即使是很有经验和能力的科研人员，写出的论文初稿大多数情况下也会有这样或那样的问题。何况初涉科技论文写作的科技工作者，由于问题意识不强、写作经验不足，只有通过长期的学习总结和经验积累，才能写出高质量的科技论文；反之，急于求成，则欲速不达。所以，初涉论文写作的普通科技工作者在写作科技论文时欲克服急于求成的毛病，至少要注意以下三点。

第一，投稿前自觉修改。科技论文的修改，是指从初稿写就到定稿完成的不断完善的过程，它是使科技论文达到准确、规范、精练的重要途径。写出初稿之后，作者要从内容、层次结构、语言文字等方面对其进行反复推敲，直到满意为止，再按照所投刊物《征稿简则》中的要求逐一对原稿进行规范后才可投出去。

第二，主动向专家和同行请教。作者在对自己撰写的论文难以继续修改时，不妨请求身边的专家学者或经常撰写并发表科技论文的同行给予指导，主动就文稿中的疑点、难点向他们请教，认真听取不同意见和建议；然后，对论文进行适当调整、补充和删减，通过反复研读，不断修改，力求使之臻于完美。

第三，正确对待编辑和专家的审稿意见。为了使科技论文具有较高的学术质量并符合相关规范化、标准化要求，无论是编辑初审，还是专家复审和主编终审，给作者的论文提出详尽的评审意见都是一种对作者、读者负责的行为，作者应充分予以理解，且积极配合。如一篇有关副热带高压与台风活动对某地区降水影响的论文，第一次投到《暴雨灾害》编辑部时，因其构思不成熟，初稿相当粗糙，编辑对其提出了 20 多条修改意见；作者面对这些意见，并不急于求成，而是心平气和、不厌其烦地反复修改，前后经过了长达近 1 年时间 6 次修改，终于改成一篇达到发表水平的论文。

第五节　气象科技论文写作中的常见问题

科技论文写作是一项极其复杂的脑力劳动。影响论文质量的因素是多方面的，如试验设计的合理性、研究方法的正确应用以及作者对本学科及其相关学科的科研信息占有量等，其中还包括写作技巧的熟练掌握和灵活运用。作者若不重视科技论文写作过程出现的种种问题，这无疑会妨碍或耽误科研成果的公开发表。

一、科技论文题名拟定中的问题

（一）题名词序排列不当

有的作者不了解科技论文题名在检索和信息传播中的重要作用，或文字概括不精练，或不能准确地使用本学科的专业术语，从而造成论文题名字词间修饰关系不正确、排列位置不恰当。

例如，有一篇论文的题名是《卫星雷达资料在梅雨期短时暴雨预报中的分析试用》，通过阅读该文内容可知，作者研究的是梅雨期暴雨，用“短时”修饰“暴雨预报”，易被误解为短时间的暴雨预报，其语义不明确。事实上，短时预报与短期预报、中期预报、长期预报相并列，同属天气预报中的专业术语，均有其严格的定义，不能随意拆开使用。另外，该题名中“资料”为物，不能充当“分析”这一动作的执行者，“试用”宜改为“应用”。因此，对其略作调整，将上述题名改为《卫星雷达资料在梅雨期暴雨短时预报中的应用》。这样调整之后，题名文字更简洁、信息更准确。

（二）题名外延过宽或过窄

科技论文题名既要准确地概括全文内容，还要恰如其分地反映论文性质、研究对象、主要观测项目及所使用的研究方法与手段，竭力避免题名外延过宽或过窄。

很多年前，在我刚做编辑时，曾收到过一篇论文，其原题名为《用富里叶－车贝雪夫多项式浓缩气象资料的理论依据》。通过审读全文，我发现该文作者的写作意图不在于探讨“理论依据”，而是要传达出怎样用富里叶－车贝雪夫多项式制作天气预报的研究成果。尽管在该文中气象资料的浓缩得到了合理体现，但不难看出，原题名外延过宽。因此，为了关照全文，原题名应改为《用富里叶－车贝雪夫多项式制作中期客观相似预报》。修改后的题名，其论文性质和研究对象均十分清楚，且外延缩小。

在拟定科技论文题名时，也可能出现题名外延过窄的问题。如《棉花产量与其生育中后期气象条件的相关分析》这一论文题名，通读全文后才发现，整篇论文中相关分析只是一种统计学方法，该文并未停留在对产量资料与气象资料的单纯统计上，而是要借助这一统计方法揭示棉花开花至吐絮期（中后期）的积温、降水量、日照时数等气象要素对其产量的影响，并对影响的利弊、程度和对策进行了讨论。显然，该标题外延过窄，未能全面概括全文内容，根据该文的现实研究结果，其标题应改为《棉花产量与其生育中后期气象条件的关系》。

二、科技语言文字表达中的问题

（一）论文层次结构不分明、文理不通顺、逻辑不严谨

科技论文不仅要有严密的科学性，而且行文要符合汉语语言文字表达规范。有的论文研究思路正确、设计合理、观测试验数据可靠，具有一定的学术价值，因其在层次结构上主次不清、重复论述；或在文理上违背汉语语法规范，有些汉语句式如同英文句式，不符合中文表达习惯，读起来让人感到很别扭；或在逻辑上概念混淆、判断不当、相互矛盾、因果关系颠倒。上述毛病往往会导致科技论文延迟发表甚至无法发表。

（二）遣词造句生涩难懂

有的作者可能出于显示其论文新颖独特和自身学术水平较高的目的，热衷于生搬硬套经济类、哲学类等人文科学中的术语，显得不伦不类、似是而非，给专家审读、编辑加工和读者阅读造成障碍。这类问题在高学历青年作者中表现较为突出。例如，有一位作者在自己的论文中说"这种新模式的介入将成为提高地区性暴雨预报准确率的新的生长点"，这一表述似乎有故弄玄虚之嫌。根据原稿上下文内容，可将其改为"这种新模式将对本地区暴雨预报水平的提高起到一定的促进作用"。如此改动，应该比原句表达准确易懂多了。

（三）表达存在语病

有的作者在具体写作过程中，当遇到概念不熟悉或要引用的相关原理、技术、方法、结论等未完全弄懂弄通时，又不愿花时间查阅教科书以及相关文献资料，即使查阅了，但仍似懂非懂、不知其所以然，而是仅凭感觉或自己的理解匆忙成句，这难免会造成科技论文中出现较多的语病。归纳起来，这类语病主要表现在以下几个方面：

(1) 词不达意。科技论文中大量使用专业术语，有些专业术语虽然相似或相近，但其内涵和外延差异较大，不可混用，必须精准。有一篇关于某气候预测模式系统产品对某地 2016 年汛期降水预测动力降尺度评估的论文，其摘要不足 400 字，就有多处文字表述词不达意，如"探索"应改为"探讨"或"分析"，"汛期模拟数据"应改为"汛期预报数据"，"模拟结果"应改为"预报结果"，"先增加、后减少的趋势"应改为"先增加、后减少的特征"，"模拟效果相对更好"应改为"预测效果相对更好"，"降水干偏差"应改为"降水偏少"，"环流形势模拟存在误差"改为"环流形势预测存在误差"。这些词不达意的文字或表述的存在必然会影响论文的科学性、逻辑性和可读性。

(2) 冗词夹杂。有的科技论文语言表述晦涩难懂、逻辑性差、似是而非，其中一

个重要原因就是表述中夹杂了一些冗词。如“安徽省春季同时出现暴雨的站数大多数在 10 个站以下，特别是 1～5 个站的局地暴雨”，将其中“同时出现”“特别是”等冗词删除后，改为“安徽省春季暴雨站数大多不超过 10 个，且多为 1～5 站的局地暴雨”，这既节省文字，也使表述内容显得简洁明了。

（3）句子成分残缺。科技论文的表述要求科学、严谨、无歧义，虽然并非每句话都要主谓宾齐全，但具体到某一表述，其中的重要成分不能残缺。如“重庆市气候预测业务通常将每年 5—9 月作为当年汛期”，这句话缺主语，如果改成无主句，只需在“预测业务”之后添加“中”字即可；如果增加主句，有两种改法，一是添加主语“业务人员”，改为“在重庆市气候预测业务中，业务人员通常将 5—9 月作为汛期”；二是调整句式，改为被动句，使“5—9 月”变成主语，即“在重庆市气候预测业务中，5—9 月通常被当作汛期”。

（4）感性描述。有的作者在写作科技论文时，喜欢凭感觉或印象对客观事实和科学问题作感性描述，往往造成不严谨、有歧义。如用“来势凶猛、锐不可当”描述某次暴雨过程的特点，欠妥，改用“突发性、局地性强，降水强度大，持续时间长，致灾严重”等专业语言来描述更科学。

（5）逻辑混乱。科技论文中的逻辑混乱现象较为复杂，对那些逻辑混乱的语言文字表述，不仅非专业人员无从理解，即使是同行专家要想弄明白也较困难。如“梅雨强度指数其呈弱增加趋势，其在典型的水涝年份的等级为强或偏强，在典型的干旱年份的等级为偏弱，且等级偏弱的年数最多，为 20 个”，这是一篇有关梅雨期降水气候变化特征研究论文中的一条结论，因其逻辑混乱，估计除了作者之外没人能看明白。

科技论文表达出现较多语病，也表明作者文字功底不深、专业素养有待加强，需要作者在写作实践中不断锻炼语言文字驾驭能力和提高人文素质。

三、科技论文文体上与分析上的问题

科技论文是叙述原始研究结果而写成并发表的报告，具有科学性、创造性、理论性和简洁性等特点。有的作者不理解科技论文的含义和特点，把科技论文写成了经验介绍、工作汇报、灾情调查以及非学术性交流材料。例如，有的作者在写作天气分析与预报方面的论文时，以大量的篇幅罗列预报指标，而对指标的确定在很大程度上依赖于经验，尽管这些指标在以往的实际应用中通过检验其效果较好，但并不能证明指标在今后的使用中具有同样的效果。另外，有的论文不惜笔墨引用行政领导对试验结果带有明显主观性的评语。诸如此类的问题都违背了科技论文对科学性的要求。

再如一些分析有关灾害性天气的论文，作者详尽地描述天气过程、实录灾害所造成的经济损失以及堆砌众多模棱两可的防灾对策，而对成灾原因仅作泛泛之谈，缺乏理论上的深入探讨。这样的科技论文，其理论性自然不会太强。

有的作者，尤其是基层单位的科技人员，在论文的具体写作过程中，常常淡化研究方法和试验观测结果，甚至根本不交待研究方法，全文几乎只有引用数据而无实测数据，得出的结论自然也无新意，几乎没有什么创造性可言。

还有的作者在科技论文中不厌其烦地交待写作目的，或不加选择地大段摘录教科书中的背景知识，造成拖沓啰嗦、主题不集中、研究重点不突出。这样的科技论文，其问题在于简洁性不够，这不利于科技信息的有效传播和及时交流。

四、执行科技论文标准、规范中的问题

（一）不注意语言文字规范

从部分作者投来的科技论文稿中发现，作者在写作论文的过程中，对语言文字的规范不够重视，遣词造句多有不规范之处，文中不仅存在大量错别字和标点符号使用错误，也还有一些文法错误。科技语言自有其独特性，即高度的准确性、严格的精练性、严密的逻辑性、严谨的抽象性和表述的客观性。尤其在应用类比、列举、对照与转述等方法进行写作时，应避免出现模棱两可、语义不清、表述含糊的不规范的语言。

（二）不讲究书写格式规范

任何科技期刊对稿件的题名、摘要、关键词、引言、正文、图表设计甚至脚注和致谢的顺序和写法都有具体要求。有的作者在投寄论文之前，很少关注所要投稿期刊的《征稿简则》，更不用说通过认真翻阅近期出版的刊物去了解该刊所设栏目及相应栏目的用稿倾向了，只是凭经验或个人喜好进行写作，很少考虑到书写格式的规范问题。正因为这样的科技论文不讲究书写格式的规范，往往很难通过编辑初审关，结果不是被退稿，就是返回作者按照格式规范修改完善后重新投稿。

（三）不重视图表制作规范

图表是科技论文的重要组成部分，图表制作是否规范直接影响到论文质量的优劣。编辑实践表明，作者在使用图表中的常见毛病主要表现在三个方面：一是图表不清晰，尤其是在涉及到外文字母时，难以辨别出英文字母或希腊字母，甚至出现字母大小写混用的现象，另外，插图中的曲线在 2 条或以上时，曲线区分度不大，致使曲线交叉而走向不明；二是图表构成要素残缺不全，有的在正文中注明见下图（或下表），便只见图身或表身，不见图题或表题，有的缺少必要的图注、说明和图例等；三是图表不简洁，有的图表看上去内容繁多，占了很大版面，但真正与正文有关的就那么几项，显得极不简洁明了。

一般来说，科技论文中的图表，宜少而精，其在文中不给出则已，一旦给出，就要在正文中提及并作适当分析。有的图中添加了若干标识、符号等，应逐一注明其含义。

第六节　天气气候诊断型论文的选题方法与实例分析

在目前我国公开出版发行的大气科学类科技期中，天气气候诊断型论文占较大比例。天气气候诊断型论文（以下简称诊断型论文），是指以历史上曾经发生的或新近出现的天气现象、天气系统、天气过程以及气候变化为研究对象进行理论分析和科学总结而写成的学术论文。在编辑实践中发现，作者投稿的诊断型论文能通过“三审”最终被期刊录用的不多。原因是多方面的，其中之一就是选题雷同、缺乏新意、研究深度和力度不够。有的作者为了多发表论文，热衷于“××年××省（市）一次暴雨天气过程分析”一类的选题，论文除了在时间、地点、降水量级上略有不同外，今年与往年写的并无实质区别。如此选题写论文，退稿在所难免。

科技论文的选题问题，一直受到学术界和期刊编辑界的广泛关注，并在许多方面已达成共识。归纳起来，这些共识主要表现在选题的重要性、遵循原则、对读者影响等方面。科技论文形成的第一个过程是选题与立论，选题与立论要具有科学性、创新性和实践性（杨志顺，2006）。选题是撰写科技论文的首要工作，选题是否恰当，决定了论文的成败；创新性是科学研究及论文的生命，没有探索性和创新性，论文也就失去了其存在的基础（韩星明和陈洁，1995）。明确的选题是开展研究的良好开端，也是撰写科技论文的基本前提，科技论文的选题应有新颖独到的创造性，要着眼于别人未能提出和解决或未完全解决的问题（王银平，2002a）。选题是科技论文写作的第一步，是关系到论文成败的关键之一，科技论文的撰写应遵循客观性、创新性和可能性原则（胡亚明，2006）。编辑部要鼓励和欢迎有创新的文章，编辑人员除按收稿日期先后发排外，对有创新的论文要优先发表（程国洲，2006）。选题是论文给读者的第一印象，一个好的选题会在第一时间抓住读者的视线（江舟群，2003）。同时，不少研究者从宏观上对科技论文如何选题给出了指导性意见（姜艳秋，1999；李晓东，2002；张萍，2002；田文霞，2003）。然而，鲜有结合天气气候诊断分析论文写作实例对其选题问题开展专项讨论，为了给相关业务技术人员提高此类论文选题能力和写作质量提供参考依据，就诊断型论文的细分及选题方法分析如下。

一、诊断型论文的研究对象与目的

（一）研究对象

选定研究对象是写好诊断型论文的首要环节。研究对象选择适当，论文写作便能思路清晰，重点突出，分析透彻，得心应手，也易出新，达到事半功倍的效果。从国内影响较大的几种气象类学术期刊的载文来看，诊断型论文的研究对象主要包括：

(1) 天气现象,如冰雹、雷暴、沙尘暴等;(2) 天气系统,如台风、龙卷、飑线等;(3) 天气过程,如寒潮、梅雨、大风天气等; (4) 气候或气候要素。

在确定诊断型论文的研究对象时,需要注意两个问题:(1) 尽量选择当地较为常见的天气气候类型,把论文写作与业务工作结合起来,因为常见,事前对其必然有更多感性认识,研究思路才容易展开;(2) 尽量选择有一定研究基础的天气气候类型,前期做过相关研究,写作上不会有生疏感和畏难感,也可避免选题雷同、低水平重复,有利于体现论文的创新价值。

(二)研究目的

明确研究目的,是灵活应用选题方法、有效提高选题质量、不断增强选题能力的重要前提。目的不明,写作诊断型论文时容易出现选题雷同、因循守旧、粗制滥造、人云亦云等问题,甚至出现单纯追求论文发表而急功近利。科学研究的最终目的是解决社会实践中的实际问题或理论问题,推动科学技术进步(韩星明和陈洁,1995)。从这一目的出发,科技论文选题必须着眼于解决前人没有解决或没有完全解决的问题,要有所发现、有所创见、有所发明或有所建树。

诊断型论文选题应基于什么研究目的呢?作者既要从科技进步的角度明确上述宏观目的,更要从学术创新的角度明确微观目的。所谓微观目的,既可是探明天气过程形成和持续的物理条件;也可是揭示与天气过程有关的系统活动特征及规律;也可是通过分析天气系统的结构特征及形成的物理机制,寻找有指示意义的预报指标,为实时预报业务提供参考依据;还可是归纳特定行政区域或地理区域一段时期的天气气候(异常)特征及变化规律(趋势),提高对天气气候的预测能力,为有效防御气象灾害提供科学依据。研究目的与论文选题互为因果,具体到不同选题的诊断型论文,研究目的各有侧重。无论研究目的侧重于哪一方面(如探明原因、寻找规律、总结经验、提高认识等),研究目的越具体,论文越容易写出新意。

二、作为研究对象的天气个例的特征

天气个例是诊断型论文的重点研究对象,但不是所有天气个例都可作为诊断型论文的研究对象,只有那些特征明显的天气个例才值得研究。所以,有经验的作者在写作之前总会不惜时间和精力去仔细考察并精心挑选天气个例。从已发表的具有较高学术价值的诊断型论文看,可供研究和写作的天气个例大都具有如下一个或多个特征。

(一)罕见性

罕见性是指天气个例发生时间或空间上的不合常理、不可预测。罕见性可分为绝对罕见性和相对罕见性。绝对罕见性指有气象记录以来天气个例在某地(区域)或某时间段前所未有,首次出现。相对罕见性又可分为相对空间罕见性和相对时间罕见性，前者是指有气象记录以来天气个例在某地（区域）并非首次出现，而是前所也有，但其重现期长达10年以上；后者是指某类天气在某地（区域）并非少见而只是历史同期极其少见。

在实际选题中，作为研究对象的天气个例多表现为相对罕见性。如台风主要影响我国东部沿海地区，范围从最南的海南省一直延伸到东北地区的辽宁、吉林和黑龙江，但除西北地区和西藏之外，我国各地都可能受到台风的影响。然而，受远距离登陆台风影响，2002年7月4—5日陕西子长县发生一次突发性暴雨过程，暴雨引发山洪爆发、河水泛滥，子长县城被淹，造成当地百年不遇特大洪涝。洪涝过后，井喜等人发表了论文《远距离登陆台风影响陕北突发性暴雨成因分析》(《应用气象学报》2005年第5期)。该研究对于加深对远距离登陆台风影响陕北突发性暴雨的认识，提高对远距离台风影响下陕北突发性暴雨的预报水平具有重大现实意义，因为该文中的暴雨个例具有明显的相对空间罕见性。再如，湖北暴雨绝大多数出现在每年的5—9月，大暴雨一般出现在6月中下旬前后的梅雨期间，而春秋季较少出现暴雨。发表在《暴雨灾害》2003年第3期上的研究论文《对湖北省2002年一次秋季暴雨天气过程的分析》，就是针对2002年11月13—15日鄂南一次暴雨天气过程所作的诊断分析，正因为湖北春秋季暴雨个例具有相对时间罕见性，其研究价值才较大。

（二）极端性

极端性是极端天气事件的显著特征。极端天气事件是指某一地点或地区从统计分布的观点看不常或极少发生的天气事件（丁一汇等，2002）。比如，20年以上一遇的或对人类活动产生重大影响的天气气候事件。不可预测性、灾害性、突发性是极端天气的三个特点。诸如50年不遇的洪水、40 ℃以上的高温、数月的干旱、沙尘暴等都属于极端天气事件。

为了区别于上述罕见性，对作为诊断型论文研究对象的天气个例的特性而言，极端性专指某一天气过程的影响范围、强度、量级等出现的超常规现象，强调的是量值的极大（小）化。如受0505号台风海棠和西风槽的共同影响，2005年7月20—24日河南出现大范围强降水，其中荥阳、新密、博爱、泌阳四站日雨量均突破各站有气象记录以来的历史日雨量极值。论文《"海棠"影响河南降水雷达回波和中尺度雨团对比分析》(《气象》2006年第8期)研究的这一强降水个例，其极端性表现为四站日雨量均达到极大值。再如2005年3月10—13日我国大部地区爆发了一次寒潮天气过程。受其影响，西北地区大部、华北、东北地区南部、黄淮、汉水流域、江淮、江南、华南北部和四川盆地东部出现5～6级偏北风，短时风力达7～9级，上述大部分地区48 h最低温度下降8～12 ℃；鄂西南、湘北、赣东、闽西北部分地区降雪量达18～25 mm，局部地区积雪深度在10 cm以上。这次暴雪（雨）过程范围广、强度大、积雪深，在我国历史同期极为罕见。论文《2005年3月一次寒潮天气过程的诊断分析》(《气象》2006年第3期)中探讨的这次个例，其极端性综合表现在暴雪（雨）过程范围、强度、积雪深度等方面。

（三）特殊性

特殊性是指天气个例在形成条件、原因、机理或结构等方面所表现出的有别于以往同类个例的特性。如倒春寒是云南省春季2—4月已明显回暖时出现的强冷空气过程，是该省主要的灾害性天气之一。根据以往同类个例出现时的统计资料，在该省出现的伴有雨雪的倒春寒天气大多与南支槽和冷锋、切变线密切相关，但对于在无南支槽配合的昆明静止锋和高空切变线环流形势下全省伴有雨雪的倒春寒尚无研究报道。2005年3月2—6日云南出现了一次无南支槽配合而由昆明静止锋和高空切变线引起的强倒春寒天气过程，论文《昆明静止锋下的云南强倒春寒天气分析》(《气象》2006年第3期)的作者，通过计算此次天气过程的热力学、动力学和水汽等物理量场，对这次强倒春寒天气过程形成和持续的物理条件进行了探讨。作者正是基于对这一倒春寒天气过程形成条件的特殊性而开展的研究。

（四）危害性

危害性是所有灾害性天气的共同特点。20世纪90年代以来，在以全球气候变暖为主要特征的气候背景下，重大气象灾害发生频率呈明显上升趋势，对经济社会的影响日益加剧(章国材，2006)。作为研究对象的灾害性天气个例，其危害性表现：一是直接威胁人民群众的生命安全，造成人员伤亡，如台风、暴雨、雷暴、龙卷风等强对流天气，以及引发的泥石流、山体滑坡等地质灾害；二是损毁工程设施，如造成公路路基被毁、桥梁断裂、围堰决口、堤坝垮塌等；三是危及农业生产，如致使农田被淹、农作物歉收或绝收等；四是影响公众的正常生活秩序和社会安定，如造成房屋倒塌、停水停电、机场关闭、铁路停运等。

为了吸取教训、总结经验、加强预防、寻找对策，造成危害越大的天气个例，其研究价值越大。如2005年5月31日至6月1日，湖南中西部和贵州中北部等地出现严重洪涝灾害，此次过程历时短、突发性强，引发局地泥石流、山体滑坡和洪涝灾害，造成巨大经济损失和人员伤亡。在此次天气过程之后，相继有多篇论文发表，如《2005年“5·31”湖南暴雨过程触发维持机制》(《气象》2006年第3期)、《2005年6月湖南大暴雨过程的天气动力学诊断分析》(《气象》2006年第3期)等。

三、诊断型论文的主要类型与选题方法

按照天气个例数量的多少，诊断型论文可分为单个例诊断分析型、双个例诊断分析型和多个例诊断分析型三种类型。

（一）单个例诊断分析型

1. 单个例单要素诊断分析型

此型论文的研究对象为单一天气个例，写作上构思并不复杂，脉络也容易理清，

难度相对较小。此型论文选题的前提：一是对同一次天气过程，前人尽管有过一些研究，但尚未做过某一单要素诊断分析；二是前人虽对这次天气过程做过某一单要素诊断分析，但分析不够全面和深入；三是有新的诊断因子、物理诊断参量或诊断方法出现，前人还未对这次天气过程分析采用过。做好此型论文选题，可从以下几个方面着眼。

（1）尝试新的物理诊断参量。随着天气动力学理论研究的深入和数值预报技术的发展，一些新的物理诊断参量不断被引入天气分析预报中，为单个例单要素诊断分析型论文写作提供了新的选题。如论文《2004年云南秋季强降水位涡诊断分析》（《气象》2006年第7期），基于当时那些年位涡理论被广泛地用于天气动力学研究（特别是中尺度暴雨、台风暴雨、爆发性气旋等）并在暴雨形成的物理机制以及暴雨强度和落区方面得到了一些有意义的结论，作者从云南全省性强降水天气多集中在夏季7—8月且用位涡理论研究和诊断也多为夏季强降水的事实出发，对2004年9月7日发生的云南秋季全省性强降水个例作了等压面上的位涡诊断。论文《一次山东春季大暴雨中螺旋度的应用》（《高原气象》2006年第5期），作者注意到，螺旋度（helicity）对雷暴、龙卷、大范围暴雨以及沙尘暴的分析预报有一定的指示作用，并已逐渐成为天气分析预报中的一个重要物理量，便以2003年4月17—18日山东春季大暴雨过程为例，利用中尺度有限区域模式MM5对大暴雨过程进行了数值模拟，在数值模拟比较准确的基础上，利用模式输出的细网格资料，根据螺旋度理论并结合稳定度条件，对这次暴雨演变过程中的螺旋度进行了诊断分析。

（2）借鉴新的分析方法。学术研究和科技论文的价值集中体现在敢于突破、善于借鉴、不断超越等方面。其中，善于借鉴是实现单个例单要素诊断分析型论文选题创新的重要途径之一。如论文《一次暴雨过程的EOF分析》（《大气科学》2007年第2期），作者当时从前人的工作中发现经验正交函数（EOF）分析方法大多用于气候尺度的研究中，而在天气尺度研究中的应用则几乎没有。究其原因，作者认为，主要是天气尺度的观测资料在时间上不够稠密（一般高空一日两次、地面一日四次），资料集不丰富，使用EOF分析方法存在困难。随着地面自动气象站网的建成和使用，这方面的困难有所克服；此外，随着数值模式的发展及其性能的提高，对模式输出资料进行EOF分析变得可行（其在时间上可做到很稠密，故其资料集很丰富），这样EOF也能作为一种诊断工具用于天气尺度过程的研究。作者基于这样的背景条件，借鉴EOF分析方法，以1998年7月21—22日发生在武汉地区的一次持续特大暴雨过程作为个例，利用模式输出资料，对其时空变量场作了EOF诊断分析。

（3）引入新的探测资料。随着气象业务现代化进程加快和气象探测技术不断改善，气象卫星、天气雷达等探测手段越来越先进，其产品资料越来越丰富，这给单个例单要素诊断分析型论文选题提供了新的渠道。如论文《2005年6月华南致洪暴雨过程中FY—2C卫星TBB场分析》（《气象》2007年第1期），作者根据高时空分辨率的相当黑体亮度温度（TBB）资料能直观、全面提供云的分布和对流活动的信息并可大大弥补常规气象观测资料时空尺度不足的特点，利用水平分辨率 1°×1°（经纬度）的 FY-2C 卫星 TBB 网格资料，探讨了 2005 年 6 月 18—22 日华南地区致洪暴雨过程中 TBB 的平均场分布及其演变特征，从一定程度上揭示了华南地区对流云带（团）生消与暴雨的内在联系。论文《陕西中部一次下击暴流的多普勒雷达回波特征》（《气象》2007 年第 1 期），作者在对 2006 年 6 月 25 日出现在陕西中部的一次下击暴流天气的发生原因进行初步分析时，采用的资料主要是西安多普勒天气雷达的探测资料，如组合反射率因子、回波强度垂直剖面、垂直液态水含量（VIL）、径向速度等产品。

2. 单个例综合诊断分析型

此型论文的研究对象也为单一天气个例。任何天气过程的发生发展都不是单一要素决定的，而是众多要素或条件共同影响、共同作用的结果。此型论文选题的前提：一是天气过程新近出现，还没有人研究过；二是天气过程的成因复杂，非从多方面、多层次、多角度进行分析不足以揭示清楚。做好此型论文选题，可从以下两个方面着眼。

（1）点面结合，以点带面。如论文《青岛一次中到大雪过程的综合分析》（《气象》2006 年第 1 期），作者看到雷达资料在分析暴雨、冰雹等强对流天气机理方面发挥着重要作用而应用于降雪机理探索较少，便从环流背景、物理量场和雷达回波演变特征方面，综合分析了 2005 年 2 月 17—18 日青岛一次中到大雪过程。该文表述上是综合分析，实际上是以降雪过程环流背景分析为基础，重点分析了雷达 PPI 强度资料、PPI 风场资料、VWP 产品资料和回波顶高度资料，说明在探索降雪过程的中小尺度系统特点方面雷达资料对常规气象资料具有补充作用。如果将降雪机理探索视为该文之“面”，那么雷达资料应用则是该文之“点”。

（2）多管齐下，均衡布局。如论文《2005 年 3 月 22 日华南飑线的综合分析》（《气象》2006 年第 10 期），作者利用常规资料、雷达探测资料、自动气象站资料及 NCEP 1°×1°逐 6 h 资料，从环流背景、自动站气象要素、雷达回波、高低层温压场、能量场、触发机制等角度，对 2005 年 3 月 22 日华南地区发生的一次飑线天气过程进行了综合诊断分析，探讨了华南飑线天气的成因。从结构看，该文除“引言”和“结论”之外，在其他 5 个部分——“过程概况与环流背景”“飑线天气过程中的雷达、自动站资料分析”“高低层温压场的变化特征”“能量场诊断分析”“触发机制分析”的写作上均衡布局，文字篇幅基本相当。

（二）双个例诊断分析型

此型论文的研究对象是 2 个天气个例。此型论文选题的前提：一是供诊断分析的两次天气过程还没有人做过对比研究；二是前人虽对这两次天气过程有过研究，但研究上还存在空白点；三是这两次天气过程在形成背景、触发条件、发生机制等方面，既存在一定关联，也存在明显区别；四是这两次天气过程存在对比分析的学术价值和现实意义。做好此型论文选题，可从以下两个方面着眼。

1. 两次天气过程就近考虑

所谓就近考虑，是指选取的两次天气过程在时间上准连续、在空间上相同或部分重叠。如论文《2005年盛夏十堰市两次暴雨天气过程的对比分析》(《暴雨灾害》2007年第1期)中的两次天气过程，分别出现在7月7日08时到8日08时、7月9日08时到10日08时，其发生时间间隔为24 h，从时间尺度看，属于一次降水过程，从强度和空间尺度看，则属于完全不同的两次过程。前者是一次单站暴雨过程，后者是一次区域暴雨过程，这成为该文选题的出发点。根据这一出发点，作者使用2005年7月6—10日有关天气图资料、物理量场资料、卫星云图资料和天气雷达资料，采取天气诊断分析方法，对这两次暴雨过程的主要影响系统作了对比分析。

2. 两次天气过程隔断选取

所谓隔断选取，是指选取的两次天气过程在时间上前后不连续、在空间上独立或部分重叠。如论文《气旋冷暖区暴雨对比分析》(《气象》2006年第6期)，其作者从有关文献资料中获知，气旋是影响山东暴雨的重要天气系统，即使同样路径的气旋，其暴雨落区也不尽相同，当暴雨出现在气旋后部冷区时，对应的暴雨落区往往是鲁西、鲁西北等沿黄河地区；而当暴雨出现在气旋前部暖区时，对应的暴雨落区往往是鲁南、鲁东南及山东半岛一带。从而作者认为，准确预报暴雨落区相对于气旋的位置，对山东暴雨落区预报很重要，这成为该文选题的依据。文中两次暴雨天气过程分别出现在2003年4月17日和2004年7月16—18日，发生时间间隔1年之久，降水范围也有所不同，前者代表气旋冷区暴雨，后者代表气旋暖区暴雨。对这两个暴雨个例，作者从其高低空系统配置、相当位温水平及垂直分布、垂直运动与散度垂直分布等方面进行了研究。

(三)多个例诊断分析型

1. 多个例单要素诊断分析型

此型论文的研究对象为3个或以上天气个例或单一气候要素。考虑到气候变化是一个长时间序列的渐变过程，将气候要素的年(季、月)变化作为一个个例看待，并把分析单一气候要素变化的论文归类于多个例单要素诊断分析型。此型论文选题的前提：一是对已出现的多个天气个例，前人还未进行过组合研究；二是前人对已出现的这些天气个例，还未尝试过做某一单要素(如单一诊断因子、物理诊断参量或诊断方法等)诊断分析；三是对某一特定区域的气候状况和变化，还没有人就某一气候要素进行过研究，或虽有研究，但并非专一研究，还存在有待深入探究的方面。做好此型论文选题，可从以下几个方面着眼。

(1) 选择相同年份相同区域3个或以上天气个例进行对比研究。天气个例的增多，无疑会给研究和写作增加难度，这就要求作者密切关注前人的相关研究成果，善于从新的学术见解和观点中得到启发，选择与天气过程发生、发展、维持有关的一个诊断因子作为此型论文的选题。如论文《2003年渭河流域5次致洪暴雨过程的水汽场诊断分析》(《应用气象学报》2007 年第 2 期),作者针对前人在研究渭河流域严重洪涝灾害时多侧重于洪灾特征、致洪暴雨天气学特征及其类型、洪灾环流演变以及急流在暴雨中的作用等选题,同时注意到“降水的多少取决于水汽的含量、降水持续时间和水汽的垂直输送速度”的已有定论,不落窠臼,借题发挥,利用实况高空探测和地面观测资料、NCEP/NCAR 再分析资料,从水汽输送、水汽收支以及水汽含量等方面,对 2003 年 8 月下旬到 10 月上旬渭河流域连续出现的 5 次致洪暴雨过程作了对比分析。

(2) 选择不同年份相同区域 3 个或以上天气个例进行对比研究。不同地区、不同气候条件下,不同类型的天气过程在形成机理、触发机制、预报着眼点等方面不尽相同,使得天气预报理论研究和业务工作更具复杂性,这就需要预报员不断总结经验,分析比较不同天气背景、不同季节天气个例的异同点。如论文《宁波夏季强对流和台风短时暴雨雷达回波特征对比分析》(《气象》2006 年第 11 期),为了寻找强对流和台风这两类短时暴雨在雷达回波特征上的异同点,建立宁波地区夏季对流性降水和台风降水的 Z-I 关系,以指导该地区夏季短时强降水预报,该文作者选取 2004—2005 年宁波地区 3 例典型强对流短时暴雨和 3 例典型台风短时暴雨过程作为研究对象,从雷达回波的发展演变、回波形态及回波产品量值等方面进行了对比分析。

(3) 选择特定区域单一气候要素进行气候分析。近二三十年来,世界或我国学者对全球、中国及其区域气候变化特征和趋势进行了广泛而深入的研究,尤其是对温度、降水等气候要素变化的统计分析越来越多,从不同时空尺度做了大量研究,并取得丰硕成果和一些共识。在这种研究背景下,有的研究人员针对某地或某一区域社会经济发展、气候资源合理开发利用、趋利避害和气候生态环境改善等现实需要,因地制宜,避开研究热点,另辟蹊径,从关注度不高的某一气候要素入手进行选题。如论文《和田市近 40 年蒸发量的变化特征》(《气象》2006 年第 8 期),作者发现前人对反映新疆和田地区气候状况的另一个重要要素——蒸发量的变化研究较少,便从当地生态环境治理和经济发展的需要出发,利用和田市气象站 1961—2000 年蒸发量资料,对蒸发的年、季、月变化趋势,年代际变化特征,突变和周期等作了全面分析,从而写成一篇气候诊断型论文。

2. 多个例综合诊断分析型

此型论文的研究对象可以是 3 个或以上天气个例,也可以是多个气候要素。此型论文选题的前提:一是对影响特定区域范围的某种天气现象、天气系统或天气过程,前人还未做过气候统计分析;二是对某一特定区域范围的气候变化,前人还未做过气候诊断分析;三是对某区域范围而言,在其扩大或缩小以及资料年限延长之后,还没有人做过修正补充研究。做好此型论文选题,可从以下两个方面着眼。

(1) 关注特定区域特定天气变化。揭示各种重要天气现象、天气系统或天气过程的成因,探明其发生、发展、维持的物理机制,是天气学研究的重要内容。但要提高天气预报的精细化程度，有必要根据气候学基本原理，运用资料统计、气候图解、文字描述等方法，对其随时间变化规律和随空间分布特征进行分析。论文《浙江省暴雨的天气气候分析》(《科技通报》2004 年第 5 期)，作者了解到暴雨是浙江的主要灾害性天气之一，一年四季均有出现，每年暴雨及其引发的洪涝和泥石流等灾害都会造成很大经济损失，甚至造成人员伤亡，所以不断提高浙江暴雨天气预报正确率意义重大。基于此，作者利用该省气象台站 1961—2000 年 40 年降水资料，分析了浙江暴雨日的年(代)际、月际变化及梅汛期暴雨过程的气候概况和地域分布，重点对梅汛期暴雨的主要天气形势进行了分析归类。

(2) 关注特定区域整体气候变化。对一个特定区域而言，其气候变化特征是由多个气候要素的变化综合决定的，但在对气候变化进行综合诊断分析时，不可能把所有气候要素都考虑进去，而只能选取对人类生活和社会经济发展有影响的气候因素作为分析对象。如论文《陕北黄土高原近 42 年气候变化分析》(《气象科技》2007 年第 1 期)，其作者注意到，地处我国黄土高原中心的陕北高原，其气候变化与整个西北地区有所不同，并认为研究该区域的气候变化对以治理水土流失、改善生态环境为目标的"山川秀美工程"建设有着重要的指导意义。但作者在对陕北黄土高原近 42 年的气候变化作较全面的分析时，只选取了气温、降水量、相对湿度和风速 4 个气候要素。

四、选题之外需要注意的问题

选题是论文成败的关键，正所谓"题好文一半"。理论上，任何两次天气个例不可能完全一样，这给诊断型论文写作提供了广阔的选题空间。但具体到一次、两次或多次天气过程，要写成一篇高质量、高水平、学术见解深刻的天气气候诊断型论文，必须在选题上认真思考、反复推敲、精心构思。然而，仅有一个好选题是远远不够的，选题之外，还要注意以下几个方面：一是科技论文写作必须以坚实的科学研究为基础，内修专业素养，外练写作技能，坚持在写作实践中锻炼研究能力、掌握研究方法、提高研究效率、积累写作经验；二是科技论文写作是一项高强度的脑力劳动，需要吃苦精神、迎难而上，要充分估计后续研究与写作过程中可能遇到的各种困难；三是做好选题之后的各项写作准备工作，如掌握科技动态、检索文献信息、收集整理资料、熟悉研究方法、调试计算工具和程序等环节，任何一个环节都必须认真对待，不可偏废；四是遵守国际或国家有关标准或规范，如公式、图表、参考文献，必须按国际或国家有关标准或规范撰写。

第二章　气象科技论文编辑要领

稿件的初审送审、退修、编辑加工、排版、校对等工作是气象科技期刊编辑必须履行的岗位职责，其中初审是最重要也是最难、最考验编辑水平的分内工作。从表面上看，编辑在平常履行自身岗位职责的过程中，更多的是在与稿件打交道，但实质上是在与撰写科技论文稿件的作者打交道，由于作者在科研水平、写作技巧、逻辑思维能力、语言文字组织技能、投稿经验等方面存在较大差异，所投稿件质量也是参差不齐。面对这些质量参差不齐的稿件，编辑首先要做到的是必须把好初审关。对于那些资深专家学者撰写的高质量稿件，一般都可以直接送专家外审；而对于那些科技论文初学者或写作能力不足的基层气象部门的专业技术人员撰写的稿件，初审把关的难度较大。如何把好初审关，涉及到较多的编辑要领，其中最重要的是引导作者正确认识科技论文写作的目的与意义、帮助作者增强写好科技论文的信心、帮助作者提高科技论文的修改效率。

第一节　编辑在初审中对作者的引导

一本科技学术期刊一旦成为本学科的核心或知名专业期刊，稿源必然大幅增加，甚至让编辑应接不暇，不得不将大量的时间和精力花在稿件的初审上。编辑初审中处理的稿件，有很多出自科研能力不强、写作经验欠缺的科研或业务技术人员之手，由于他们缺乏对学术论文撰写基本要求的了解，虽然在科研上不乏想法或见解，但投来的稿件十之八九会在初审环节被退稿。以往不少编辑在论及初审问题时，对稿件质量本身及其初审原则、内容与方法等，给予了较多关注和探索（李军纪和姚密红，2008；王晓梅等，2009；陈翔，2010；范克利，2010；王萍等，2011），而较少考虑编辑对作者能起到多大的引导作用。结合多年编辑工作实践，对科技学术期刊编辑如何在稿件初审中发挥对作者的引导作用总结如下。

一、引导作者正确认识和理解学术论文

（一）强化作者的读者意识

为什么写论文、发表论文，是很多作者在投稿前都没有想过或不愿意思考的问题。有的作者发表论文心切，写论文和投稿往往都带有一定的盲目性，他们发表论文的个人目的一览无余，表现出显而易见的功利性（当然，有的人也可能是被逼无奈），以致单纯追求“论文发表”，很少考虑论文的有效传播和读者的现实需要。对这样的作者和这样的稿件，编辑在稿件初审回复中不仅要严肃指出其学术态度问题，还要引导作者正确认识、理解学术研究和学术论文，并从强化作者的读者意识入手。

所谓读者意识，是指作者在撰写科技论文的过程中充分考虑，读者的理论需求、业务需求和服务需求，始终把读者利益放在第一位利他思维（王银平和邓雯，2000）。编辑在初审中有责任强化作者的读者意识，要明确告诉作者，科技论文发表出来，不仅是为了满足自身的某些需要，更重要的是能服务于广大读者，并使读者从中受益；同时，希望作者努力将论文各个部分表达清楚，保证全篇具有可读性、易读性，让尽可能多的人都能看懂。比如，暴雨、大风、雷暴、冰雹等强天气过程分析论文是《暴雨灾害》杂志常见的论文类型，其作者多为工作在天气预报业务一线的预报员，论文被退稿的一个主要原因就是作者缺乏“读者意识”，有单纯追求“论文发表”之嫌。

为了引导这部分作者写出深受读者欢迎的学术论文，编辑在写初审意见及与作者沟通时要不厌其烦地强调，写天气过程分析论文一定要着眼于现代预报业务发展和预报员的现实需要，尽量给预报员日常工作多一些指导和帮助。事实证明，这样的引导在一定程度上强化了这部分作者的读者意识，其投稿质量总体上有了较大改观，也不乏论文在《暴雨灾害》上发表。

（二）让作者明白学术论文“写”与“做”的关系

面对论文屡投屡退，有的作者颇感迷茫，总希望编辑“手下留情”或“指点迷津”。其实，这些作者对撰写学术论文存在认识误区，总以为是自己写作能力不够、文笔不好导致了退稿。殊不知，根本原因是他们没有摆正“写”与“做”的关系，即“做”是“写”的前提，“写”是“做”的延续。对此，编辑要在初审回复中给作者解释：论文是写成的，更是做成的；“做论文”意味着做研究、做学问，具体说，就是做思考、做设计、做试（实）验、做统计（计算）、做甄别、做评估（价）等；“写论文”相对容易，就是按照相关标准和格式对研究结果或思维成果采用规范的语言文字进行组织的过程。这样的引导旨在让作者专注于自身业务能力和科研水平的提高，将注意力放在“做”上，厚积薄发，“写论文”自然水到渠成。

（三）耐心排解作者的困惑

有作者非常努力，但仍然写不好论文，并为此感到困惑和烦恼，继而抱怨撰写学

术论文太难，却不知其难在哪里。编辑初审时要引导作者辩证看待其“难”，并告知写论文同做其他事一样，说难也难，说不难也不难，这取决于三点“六个字”。一是兴趣，俗话说，兴趣是最好的老师，有了兴趣，写论文就会变被动为主动，并乐此不疲、乐在其中。二是压力，压力是科技人员工作和生活的常态，无论评职称、做课题都需要论文，在这种压力下，别无选择，再难也得写。三是动力，动力是在压力释放下产生的一种追求意志，写论文，发表论文，既可名利双收，也可赢得社会尊敬，也许还能得到单位的配套奖励，何乐而不为！

有作者会说，这些大道理都懂，但真要动手写，困难还是不少。这又是什么原因呢？其实，原因很简单，也是三点“六个字”。一是悟性，或者说敏感性，虽然都是科技工作者，但个体之间在智力和能力上存在差异，写论文也不例外。二是勤奋，“勤能补拙”“天道酬勤”的至理名言同样适合写论文，写论文无疑需要勤奋。具体说，要做到“四勤”：脑勤，多动脑筋思考工作中的问题；手勤，多动手查阅资料，多动笔实践；嘴勤，多向身边领导、专家、同事请教；腿勤，多参加相关学术会议，多听学术讲座，多跑图书馆、阅览室。三是机遇，往往可遇而不可求，如果作者刚好到了一个学术氛围较好的单位，遇到了一位学术造诣很深的课题组长，或者一个志同道合的同事，或者一位耐心帮助修改论文的好编辑，但机遇往往倾向于那些有准备的人。

二、引导作者理清写作思路

（一）指导作者缜密思考问题

有些学术论文虽然思路不清、逻辑性差，但并非完全“不可救药”；只要作者态度诚恳、不怕困难、愿意配合编辑修改，编辑应当给作者机会，并引导作者将论文改到符合发表要求为止。首先，让作者针对自己所做的研究，确定该文要探讨或分析的是一个什么问题，从而拟定出恰当的论文题名。然后，让作者围绕该问题，全面思考为什么研究（对应论文的“引言”）、是如何研究的（对应论文的“资料与方法”）、研究得到哪些结果（对应论文的“结果与分析”）、这些结果有何价值（对应论文的“讨论”）。最后，让作者以准确而流畅的语言将上述思考结果逐一呈现在读者面前，也许就是一篇高质量的学术论文了。

此外，编辑还要善于引导作者对学术问题进行缜密思考。比如，气象部门有人常将暴雨个例总结当作学术论文投稿。理论上，虽然任何一次暴雨天气过程都值得从技术和服务上进行总结，但并非都可作为学术论文发表。如果要将此类总结性文稿变成学术论文，编辑就要引导作者思考该过程是否具有学术研究价值；再进一步启发作者思考该过程与当地以往同类过程相比有何不同、具有哪些特点，该过程的累积雨量、强度（小时雨量或分钟雨量值）、生命史（持续时间）在当地历年暴雨过程统计中排位情况如何，该过程属于当地暴雨的哪一种类型，典型或不典型，该过程是否造成了重大经济损失和社会影响，当地气象台站以及各种数值预报产品实际是否将其预报出来或漏报……，让作者基于这一连串的思考，提炼出一到两个具有学术价值的问题；最后，告诉作者全文落脚到对上述学术问题的诠释、剖析或论证上。对编辑所做的类似引导，相信有不少作者的写作思路会一下子豁然开朗。

（二）提供可操作性路径

编辑初审时在引导作者理清写作思路的过程中，不仅要善于指导作者缜密思考问题，还要给作者提供修改论文的可操作性路径。比如，同样是分析暴雨天气过程，编辑给作者的修改路径应是：先弄明白暴雨何以发生，即暴雨是在有利的大尺度环流背景下产生的中尺度现象，β中尺度对流系统是造成暴雨的直接影响系统。再指明分析暴雨过程有两种途径，一是做成因分析，在分析有利暴雨发生的大尺度背景的基础上分析中尺度系统的发展演变，进一步利用有关物理量分析暴雨中尺度系统的三维结构；二是做预报分析，围绕特定时间、特定区域所发生的暴雨过程，说清楚这次暴雨过程的预报难点是什么，与一般暴雨过程有什么不同，该过程的主要影响系统与传统的或其他地方的在种类、强度方面都有哪些区别，原因是什么，是否有地形影响与作用，等等，从而提炼1～2点对预报员有实用价值的预报指标或预报着眼点。这样的引导，其可操作性较强，无疑会让作者感到受益匪浅。

三、引导作者在两种能力提升上下功夫

学术论文写作需要作者同时具备一定的科研能力和写作能力。问题是，同样是写论文，有人一年发表10多篇学术论文，而有人一年发表1篇都难；有人论文总是发表在SCI、EI等高端学术期刊上，而有人却只能在一些学术影响力较小的期刊上发表论文；有人论文投稿后很快就能通过“三审”而顺利发表，而有人论文在修改了一年半载后仍被退稿。显然，前者是幸运的，后者有点“不幸”，但后者不能将前者的“幸运”简单地归结为善于“投机取巧”。对有这种想法的作者，编辑要启发作者思考现象背后的原因，引导作者在科研和写作两种能力提升上下功夫。

编辑初审时不仅要告诉作者两种能力具体指什么，还要明确告诉作者平时不注意从科研能力和写作能力提升上练好基本功，就很难写出质量较高的学术论文。比如，不少基层预报员总以为暴雨天气个例分析论文好写、容易发表，其实这是一种误解。编辑在初审此类论文时要客观地向作者说明退稿原因，并不失时机地给作者指出努力方向：类似的论文无论在以往还是在当前发表的已经够多了，很多高端学术期刊对此类论文的写作要求越来越高，如果作者只是重复以往已有的研究思路、方法甚至结论，这样的论文就很难发表；希望作者从选题能力、资料获取与处理能力、试验设计能力、相关方法的理解与使用能力等方面不断提升科研能力，为今后写出更多更好的学术论文打下坚实基础。值得注意的是，不少科技学术论文作者存在“重理轻文”

的思想，对编辑在初审中提出的有关语言文字方面的修改意见不以为然。有些稿件正是不知所云，不忍卒读，不得不退稿。究其原因，这些作者向期刊投稿，更关心的是论文能否发表、何时发表，很少考虑稿件本身的表达效果和阅读效果。因此，编辑在初审时要引导作者不断提升写作能力，包括语言表达能力、分析与归纳能力、图表制作与合理使用能力等。

四、引导作者按照论文格式和规范撰稿

格式是论文的规格样式，乃其外部形态。科技学术论文的行文格式日趋规范化和标准化，以引言（introduction）、材料与方法（materials and methods）、结果（results）、讨论（discussion）为编排顺序的 IMRD 格式，越来越得到科技期刊出版界和广大科技工作者认同（刘钦普，2010）。然而，不少稿件过不了编辑初审关，与作者没有较好地使用科技论文格式与各种规范不无关系。编辑在初审时有责任引导作者按照论文格式和规范撰稿。

（一）形式上的规范

对科技学术论文形式上的规范，作者容易理解和接受。对编排顺序不当的论文，编辑在给出的初审意见中，首先要提醒作者，规范化和标准化本身不是目的，目的是保证科技信息能够有效传播；其次，建议作者在修改稿件前认真看一看所投期刊的《征稿简则》，并严格按照《征稿简则》中各项要求对论文进行规范，同时建议作者浏览近期发表在所投期刊上的相关论文，从中了解学术论文的编排格式；最后，向作者推荐并要求其严格执行有关国家标准或规则（韩志伟，2013），如《文摘编写规则》（GB/T 6447—1986）、《科学技术报告、学位论文和学术论文的编写格式》（GB/T 7713—1987）、《信息与文献 参考文献著录规则》（GB/T 7714—2015）等，从而保证修改稿符合学术论文的格式规范。

（二）内容上的规范

对科技学术论文内容上的规范，作者较难把握。这就要求编辑给出的初审意见不能太笼统、太抽象，否则，作者无从改起，即使勉强修改了，也未必规范。如一篇题为《西安“8·3”短时强降水环境条件与中尺度成因分析》的论文，针对该文引言的写作，《暴雨灾害》编辑初审第一次给出的意见是“引言写作宜简洁明了，不要过度铺垫，建议开门见山，直接进入正题”，但作者修回稿的引言仍然不够规范。编辑再次给出修改意见：“请从关中地区地理位置和暴雨过程实况说起；接着讲对关中地区短时强降水个例与成因进行分析研究的意义；再接着说以往国内在关中地区强降水特征与成因研究方面都有哪些成果（引用他人文献，一定要有针对性，不能太随意，不要列举那些与本文无关的文献），并略作评述（引用他人文献，不仅要说明他人做过什么工作，还要具体给出与本研究有关的一两点结论），通过评述，说明本研究与以往同类研

究有何不同；最后，简单提一下本研究期望达到的目的。"经过第二次退修，该文引言》写作才达到了规范要求。

为了保证退修稿在内容上符合学术论文的格式规范，编辑可以尝试制作一份《作者自审报告单》，在该报告单中分别将论文题名、作者署名、摘要、关键词、引言、资料与方法、结果与分析、结论、参考文献以及层次结构、数理公式、图表等的具体要求罗列出来，交由作者据此对原稿进行自查、自修，并如实填写该表（表中有"是""否""不确定"3个选项，供作者据实选择）。待完成论文自查自修后，让作者将修改稿连同《作者自审报告单》一并返回编辑部。事实证明，该引导办法可明显提升作者对稿件的修改质量和修改效果（韩志伟，2013）。

五、小结

编辑在初审过程中对作者的引导，既是促进科技期刊发展、提高期刊学术质量和培养科技人才的需要，也是展示自身良好职业风尚、融洽编辑与作者关系的需要。因此，编辑要将这种引导当作义不容辞的职责。但要履行好这一职责，编辑除了要有为作者提供优质服务的责任心外，还要不断提高自身的专业学术素养和编辑业务水平，学会使用微信、QQ等现代通信工具和社交平台，加强与作者良性互动，才能在稿件初审中最大限度发挥对作者的引导作用。

第二节　编辑如何借助退修信帮助作者提高写作水平

退修信是编辑与作者交流的桥梁，是作者进行稿件修改的依据。关于退修信的功能、作用与写法，已有不少文献进行过专题探讨（曹作华和田力，2001；程春开等，2002；陶范，2004；王银平，2006）。秦瑜（2005）明确指出，一般退修信包括学术内容和编辑规范两个方面。事实上，编辑在给作者写退修信时也多是围绕这两个方面进行的，或直言不讳指出文稿中存在的问题，或准确无误地传达专家的审稿意见。但从稳定作者队伍、提高期刊优秀论文比例的视角来看，编辑在退修信中除了涉及学术内容和编辑规范之外，还可帮助作者提高写作水平，这一作用应当引起科技期刊编辑人员的足够重视。

一、引导初学者尽快入门

在编辑实践中，编辑不可避免要接受和处理不少科技论文初学者的稿件。这些初学者，大多写作基本功较差、实践经验不足，尤其是走上科研业务工作岗位时间不长的年轻大学生或研究生，他们投到编辑部的初稿质量一般都不太高，能达到发表水平的不多，甚至有人在论文写作方面还未入门。对初学者的稿件，是不屑一顾、一退了之，还是认真回复、耐心指导，这关系到编辑对作者的劳动是否尊重和对期刊的未来生存发展是否关心。

从编辑实践中发现，在科技论文初学者中，也有一些身在业务第一线的科技人员，有人甚至已是单位里小有名气的技术骨干，业务工作得心应手，但写起科技论文来往往捉襟见肘。究其原因，这些科技人员或是思想上重业务、轻科研，对科技论文写作认识不足、重视不够，疏于实践；或是平常将时间和精力主要用在如何提高业务质量上，无暇顾及科技论文写作；或是在尝试科技论文投稿时久投不中，产生畏难情绪，造成写作兴趣和投稿热情降低。

一般来说，工作时间不长的年轻大学生或研究生，他们在科技论文写作上具有专业理论功底扎实、思维敏捷、创作热情高、学术研究潜力大、投稿积极性高等特点。编辑在给这部分初学者写退修信时要注意三点：一是多加鼓励，少挑剔，忌指责；二是及时引导，除了向他们介绍有关科技论文写作方面的知识及基本方法和要求之外，还要帮助他们正确对待名利得失，正确认识研究过程中的酸甜苦辣，妥善处理业务工作与科学研究之间的关系；三是耐心辅导，对来稿中存在的问题，既实事求是地一一指出，也科学分析其原因所在，并提出可操作性的修改意见。从解决思想认识问题和解决写作技能问题入手，双管齐下，着眼于“引进门”，自然有助于作者写作水平提高。

身在业务第一线的科技人员的初次投稿，情况相对复杂，在给其写退修信时，要摸清原因之后再作具体帮助。为了不挫伤他们的投稿积极性，编辑要在坚持稿件录用标准不降低的前提下建议作者下功夫修改。从编辑实践中发现，有的气象预报员习惯于将常规技术工作总结报告作为学术论文投稿，针对这类缺乏新意的重复研究论文，应提请作者注意，其探讨的专业问题前人已经做过一些相关研究，并有论文表在《气象》《应用气象学报》《暴雨灾害》等相关刊物上（通过网上搜索便知），因此，只有对前人的研究有所深化、补充、完善，或以新的角度、新的资料、新的方法进行研究，在学术上才有意义。编辑只要不厌其烦地、真诚地给予作者指导，作者多会以毫无怨言的修改作为回报。

二、培养作者的标准化、规范化意识

标准化、规范化是科技信息传播对科技论文最基本的要求。但对该要求的具体内容，不少作者并不完全清楚，这既影响到科技论文质量，同时反映出作者的科技论文写作水平。面对作者投到编辑部的不符合标准化、规范化要求的稿件，只要其内容尚有新意，编辑都应给予作者力所能及的帮助。为此，编辑在写作退修信时，有针对性地向作者传授一些科技论文标准化、规范化方面的知识十分必要。在借助退修信向作者传授有关标准化、规范化知识时，可考虑从以下几个方面着眼。

(一)说明实施标准化、规范化的理由

科学性、严谨性决定了作者在总结和书写科技论文的过程中必须遵守特定的模式与规范(石朝云和游苏宁,2008a)。然而,并非所有作者都能积极配合编辑对科技论文进行标准化、规范化方面的修改,尤其是有一定资历或知名度的作者在多年的科技论文写作中习惯了某种格式或表达方式,标准化、规范化意识淡薄,对编辑提出的有关标准化、规范化修改要求从心理上排斥,不以为然,甚至认为是编辑"无中生有""无事生非"。编辑面对作者的误解,要心胸开阔、心平气和;在解释实施标准化、规范化的理由时,措辞要恳切、具体,不能用含糊的、笼统的语言去应付作者(陈灿华,2004)。只有这样,才能从根本上解决作者的标准化、规范化意识不强的问题。

(二)就稿论稿,针对性越强越好

培养作者的标准化、规范化意识,不要泛泛而论,只讲原则和条文,还要针对原稿中的不标准、不规范之处提出明确的修改意见。如有的论文"引言"写作不规范,编辑应告诉作者,在正式的科技论文中,"引言"不能缺,在引言中应依次交待三个问题:一是开展本研究的理由;二是指出在此领域前人做过什么研究,还存在哪些值得探索的未知方面,并对相关文献进行评述;三是在前人的基础上,作者做了怎样的研究以及所要达到的目的。这样明确指出作者文中存在的不标准、不规范问题,并给出有针对性的修改意见,作者还是乐意接受的。

(三)详细指出符合标准化、规范化要求的写法

科技论文中,有关标准化、规范化的内容有很多,如果只是将那些内容条文原封不动地转述给作者,作者不一定明白,也很难将其写的符合标准化、规范化要求。例如,编辑如果觉得作者的科技论文"摘要"写的欠规范,告诉作者"摘要是以提供文章内容梗概为目的,不加主论和补充解释,具有自明性和自含性的简明、确切地记述文献重要内容的短文",建议作者按照"四要素法"重写,想必没有几个作者真正知道该如何重写。如果编辑建议作者按照"四要素法"提供摘要的同时指出具体写法和注意事项,即"为了达到什么目的,使用何种资料,采取哪些研究方法,对什么问题进行了分析,获得哪些重要结论",并要求"摘要"内容与文后"结论"相吻合,切忌前后出入,作者重写之后的摘要才有可能符合规范化要求。所以,编辑只要将标准化、规范化要求贯彻到稿件的具体修改过程中,真心帮助作者提高写作水平,作者一般都能接受。

三、帮助作者优化科技论文选题

不少编辑在工作实践中都有这样的体会,一些投到编辑部的科技论文,之所以不能被采用,一个重要的原因就是其选题不当或选题不新。对于其中尚有"闪光点"的一些论文,编辑要审慎处理,不可简单退稿。在给作者的退修信中,要尽量帮助他们出主意、理思路,优化科技论文选题,让作者根据优化后的选题重新谋篇布局、确定研

究重点、补充收集资料，并通过反复修改达到发表要求。

选题能力最能反映作者的科技论文写作水平，帮助作者优化科技论文选题，从一定程度上可以帮助作者提高写作水平。《暴雨灾害》曾收到一篇题名为《闪电定位资料在湖北西部冰雹云监测中的应用》的论文，从题名上看，该文旨在探讨闪电定位资料在冰雹云监测中的应用条件与效果，理应围绕这一主题展开研究并形成论文。实际上，该文却以大量篇幅分析雷达产品资料对冰雹云的监测效果，与论文主题内容不符，使该文的研究目的和意义含糊不清。细看内容，该文的研究目的在于揭示"冰雹云的形成和演变特征"。编辑在退修信中建议作者将题目改为《2006年湖北西部冰雹云雷电特征的个例分析》，据此重新谋篇布局。作者很快回复表示赞同且受益匪浅。

值得注意的是，在借助退修信帮助作者优化科技论文选题时，编辑应将更多的精力用在指导作者查询资料、检索文献、加深对选题的了解上，以及与作者一起对该课题的研究动态、热点、前景做一些分析，启发作者的思路(周作新，2003)。如有一篇题为《一次强雷暴天气的多普勒雷达回波特征分析》的论文，从该过程的实况资料可知，这是一次典型的强对流天气，突出的天气现象是暴雨、大风(疑为飑线)，但作者撇开暴雨、大风去分析雷暴，写成的论文未能达到应有的研究深度。其实，雷暴的成因是相当复杂的，不通过预先设计并取得试验资料，仅靠常规气象资料和雷达回波资料是很难将其分析清楚的。编辑在退修信中建议作者修改选题，集中分析暴雨或大风的多普勒天气雷达资料，以便揭示强雷达回波和正负速度对、逆风区等特征对强降水或大风的指示意义。通过这样细致的分析，作者的选题思路应该会变得清晰。

四、推荐范文或参考文献

在编辑实践中，不少编辑都可能遇到有部分科技人员出于职称评审、课题结题或年度考评等各种需要而急于发表科技论文的情况。这种情形下，写出的论文大多缺少新意甚至粗制滥造，与本专业领域的研究水准相距甚远，难以获得发表。撇开作者的写作动机不谈，其中一个重要原因就是作者不了解当前国内外同类科学技术的研究现状与进展，制约了论文的探索深度和创新价值。但也有少数论文不乏可取之处，作者也愿意配合编辑进行修改，却苦于不熟悉同类研究课题的现状和进展而无从修改，如果是这样，编辑则有义务借助退修信向作者推荐范文或参考文献。

编辑在退修信中向作者推荐范文或参考文献时，必须充分考虑作者当前的工作性质和研究领域，既可推荐本刊以往发表的论文，也可推荐其他刊物发表的文献。所推荐的范文或参考文献，一要专业对口、针对性强，对作者提高科技论文写作水平确有帮助；二要新颖，主要是近几年发表在相关学术期刊上的文献，确实能代表当前国内外同类科学技术的先进水平；三要数量适中，足以让作者对同类课题的研究概貌有一个大致了解，以 8～10 篇为宜。

五、体会

借助退修信帮助作者提高科技论文写作水平，其目的是稳定作者队伍、不断提高期刊的优秀论文比例。编辑要让退修信较好地帮助作者提高写作水平并非易事，它不仅需要编辑具有严谨求实的科学态度和耐心细致的工作作风，更要求编辑具有深厚的学术底蕴和良好的语言修养，才能将退修信写得深入浅出、通俗易懂、情真意切，也才能使作者从中真正受益，在潜移默化中提高科技论文写作水平。

第三节　编辑对专家审稿意见的适度加工

专家审稿是科技期刊编辑出版流程中不可替代的一环，是评价论文学术水平、维护和提高刊物学术质量的重要保证（王慧兰和孙树江，2001）。审稿人是不能忽视的重要角色。正常情况下，编辑眼中的审稿人是“非凡”之人（赵更吉和马宇红，2006）。在办刊实践中，责任编辑判断来稿的学术质量、对稿件行使编辑加工职能以及主编最终决定稿件录用与否的重要依据，就是专家审的稿意见。专家审稿意见究其功能可概括为两种：一是评价鉴定文稿；二是优化完善文稿。目前，大部分期刊的审稿意见表设计都采用了定性评价与具体意见相结合的形式（王昕等，2008）。至于如何向作者传达审稿意见表中专家的具体意见，既可原样照转，也可经编辑加工后转述，《暴雨灾害》杂志采用的便是后者。因为有的审稿意见，或寥寥数语，言之无物；或模棱两可，含混不清；如果将这些意见照抄后直接传达给作者，作者则不知所云，修改无从下手（周作新，2002）。这里就有一个问题很自然地呈现在编辑面前，对未能达到期刊社或编辑部要求的审稿意见怎么办？是不闻不问、直转作者？是全盘否定、另请人审？是立足原审、适度加工？还是立足原审、适度加工应该最为可取。

一、慎待专家意见是适度加工的基础

送审稿件之前，编辑部对审稿专家一般都会认真挑选，再三权衡；具体审稿专家一旦确定，即表示编辑部认可了其专业水平和审稿能力。虽不能保证每一个审稿人对每一篇稿件所给出的审稿意见都能发挥作用，但必须相信审稿人主观上是认真负责的。基于这种信任，才会慎待专家审稿意见，对审稿意见进行适度加工也才有了基础。

（一）切实尊重

无论专家给出的审稿意见是否能很好地发挥其作用，编辑对其都应抱以切实尊重的态度。因为专家审稿本身就是一种有益于科技出版事业的社会行为，专家审阅稿件并归纳评审意见的过程也是智力投入的过程，专家按照编辑部规定和要求如期完成审稿任务必然要付出一定的时间和精力，这种勇于担当、乐于奉献的精神理应受到尊重。尊重专家审稿意见，不仅是对专家劳动与学养的尊重，更是对学术、对知识、对创造的尊重。

（二）深刻领会

专家审稿意见是对稿件的内容质量和写作规范的具体评判，涉及论点是否正确、论据是否充分、方法是否得当、结果是否可信等方面。其中有些意见专业性很强，编辑未必看一眼就能正确理解，这就需要编辑利用所掌握的学科专业知识深刻领会、适度加工，才能有效发挥审稿专家的作用，增强审稿信息的利用率。如有这样一条专家审稿意见："文中对冷涡变化的叙述有矛盾。"在将此条意见转给作者之前，《暴雨灾害》编辑结合原稿对专家指出的"矛盾"进行了仔细核查，然后进行适度加工，将审稿意见变成："第 2.2 节中，对冷涡变化的叙述自相矛盾，既然冷涡加深加强，冷涡中心位势高度值应当降低，而不应是作者所说的增高。冷涡属于低值系统，其中心值越低，表明其发展越强。请核实并修改。"通过这样加工之后，作者一看就能明白，其修改效率大大提高。

（三）虚心请教

由于投到学术期刊的稿件涉及众多学科和专业领域，对专家给出的审稿意见，编辑不可能每条都能看懂；若遇到看不懂、难理解的审稿意见，责任编辑进行适度加工往往无从下手。对此，最好的办法莫过于虚心向审稿人请教。如"制作天气剖面图，其主要作用是用来分析空间环流特征的。文中给出的物理量经向剖面图不适合于分析 u 分量，纬向剖面图也不适合于分析 v 分量"，这条审稿意见中审稿人并未说明为什么不适合，就此经向审稿人请教，原来 u、v 分别表示东西风和南北风，分别在水平方向上垂直于经向剖面和纬向剖面，不能反映气流的空间环流特征。转述这条意见时补充了对"不适合"的解释，无疑更有利于作者迅速做出修改。

二、适度加工的原则

（一）可操作性原则

对专家审稿意见进行适度加工，目的在于帮助作者明确论文中存在的缺陷与不足，正确理解专家评语，提高论文修改效率，从而让作者顺利完成论文修改并使修改后的论文达到发表要求。可见，提供给作者可操作性强的审稿意见，是保证作者顺利完成论文修改的前提，也是保证科技期刊学术论文质量的基础。将那种模棱两可、似是而非的审稿意见转给作者，轻则作者将稿件转投别的刊物，造成稿源流失；重则作者一旦向周围同行公开此次"遭遇"，科技期刊不仅信誉下降，其形象也会受到影响。因此，从尊重专家原审意见、便于作者高效率修改论文出发，强化其可操作性，是对专家审稿意见进行适度加工的重要原则。

（二）可读性原则

审稿意见可读性强，作者了然于心，稿件修改效率高；审稿意见晦涩难懂，无论是作者自己揣摩，还是反复咨询责任编辑，都会影响情绪、耗费时间，稿件修改自然不顺。一般来说，审稿专家在审稿过程中都会将精力主要集中于对论文科学性、创新性等内容的审查上，在评语的遣词造句上往往不会太讲究。如出现表述拗口、语句不通顺、上下句跳跃性大等问题，此类情况在专家给出的审稿意见中较为多见。试举一例："弄清雨型编码的内涵，必须避免业务规定的概念混乱。"作为气象专业技术人员，看了此条意见，或许明白专家说的是什么，但读起来未免让人感到别扭。经加工后修改为："弄清雨型编码的内涵，天气预报业务中对雨型编码的使用有明确规定，请按规定正确使用。"这样一改，不仅语言表达流畅，也让作者能够很快明白问题之所在。

（三）亲和性原则

亲和性原则要求责任编辑在对专家审稿意见适度加工时努力做到话语坦诚、语气和善，对专家所提出的具体修改要求采用"商量式"口吻转述，多用"请""建议""希望""最好"等谦辞，不用"命令式"口吻转述，少用"必须""一定""务必"等措辞。如有一条专家审稿意见："从表 1 中可以看出局部的暴雨、暴雪、冰雹、雷雨大风等灾害性天气来吗？要使用好标点，对表中的和非表中的内容应有区别地加以叙述。"考虑到该文作者是一位发表论较多的正研级高工，原审意见有失亲和，经加工后改为："在分析表 1 时，说'局部的暴雨、暴雪、冰雹、雷雨大风等灾害性天气也主要集中在 2 月 25—28 日'不妥，因为从表中看不出来。建议对表中和非表中的内容加以区别叙述。"将原审稿意见中的诘问句改为陈述句，可避免引起作者反感；另外，说"要使用好标点"，有指责之嫌，暗含作者不会正确使用标点符号，恐伤作者自尊，宜删除。专家在评审一篇学术质量不高、逻辑性较差的论文时，多少带有一点情绪，往往不太注意措辞，甚至言语过激。对此类审稿意见的加工，应遵循亲和性原则，对作者多鼓励、多安慰，尽量体现一种人文关怀。

三、适度加工的方法

（一）补充

具体到一篇送审论文，大多数专家看问题往往一针见血，给出的评语言简意赅、一语中的；但如果将专家评语不加补充而原样转述给作者，因有的作者知识面所限和学术功底欠扎实，未必能理解专家意图并按其意图修改。考虑到作者学术层次的差异，补充是适度加工专家审稿意见的常用方法。对专家审稿意见进行补充，主要适用于两种情况：一是专家指出了来稿问题之所在，而未指明问题具体该如何解决；二是专家直接要求作者对文中某一内容如何修改，而未说明如此修改的原因。如有这样一条审稿意见："该文作为一篇短论，其作者署名过多，建议将作者人数减少到5位以下。"乍一看，觉得这是一条无效意见，因为论文署名是作者的权利，编者无权过问。在转述审稿意见时，经查看原文，该文包括中英文摘要、图表、参考文献在内约4500字，作者署名达12个之多。这样一篇短文如此署名，有违常规。于是，经适度加工后编辑给出的意见为："该文作为一篇短论，其作者署名过多。署名作者应是课题研究和论文构思、撰写的直接参与者和主要策划者，在课题中从事辅助性工作的，不宜作为作者而应放在文后'致谢'中予以感谢。建议将作者署名人数减少到5位以下。"在返修稿中，论文作者只保留3位，在"致谢"中提及3位。可以想象，如果在转述这条专家意见时不对减少作者署名的理由和做法进行解释性补充，作者难免心生不快。因此，责任编辑在转述专家审稿意见时要站在作者立场，设身处地为作者着想，利用自身所掌握的学科专业知识，补充相关信息，让作者既知其然，也知其所以然。

（二）简化

在办刊实践中发现，有的专家审稿意见洋洋洒洒，事无巨细，娓娓道来，显得琐碎而啰嗦，要点不突出。对这类审稿意见，宜大刀阔斧进行简化。简化应从三个方面把握好尺度：一是把握要点，仔细阅读文稿，全面熟悉文稿内容，把问题弄清楚后，用确切而简明的语言将审稿意见传达给作者；二是避"虚"就"实"，删除无效信息和多余信息，删减重复信息，保留有效信息；三是提炼精华，经适当加工后，将那些富有建设性、可操作性的意见转达给作者，使作者在修改论文时有的放矢。

（三）调整

审稿专家一般都承担着较多的科研、教学工作，有的还兼任社会职务，时间紧了就会影响审稿质量，造成审稿不充分、不严谨（李云霞，2005）。特别是有的专家分不同时间段写出来的审稿评语，在编辑部的催促下，往往疏于校对，就可能出现内容重复、交叉现象；有的专家在写审稿意见时，不太注意各条意见的逻辑排列顺序，排序较为随意。对此类审稿意见，适度加工应重点放在结构和逻辑调整上。调整原则包括：一是"先总体评价，后具体评价"，即在专家审稿意见首段给出对论文选题和学术质量的总体评价，然后按照规范化的科技论文结构顺序，分段罗列各条具体评语；二是"先结构，后文字"，即指将专家对论文结构方面的修改意见放在前面，将其对逻辑、语法、标点符号等文法方面的修改意见放在后面；三是"先学术，后规范"，即指将专家对论文学术问题的修改意见放在前面，将其对中英文摘要、量和单位、图表等规范方面的修改意见放在后面。

（四）润色

润色是对专家审稿意见更高层次的综合加工方法。试举一例："冰雹预报目前仍是一个难题，依据常规资料的分析，很难提前作出准确预报。不知作者说的漏报是短期的还是短时的。要针对降雹地区进行雹前分析，找出失误原因，以便对今后能有所启示。”经适度加工后变成：“由于技术上的种种原因，冰雹的预报目前仍是摆在广大预报员面前的一大难题。仅仅依据对常规气象资料的分析，很难提前做出准确预报。文中，作者并未指明是短期预报中的漏报还是短时预报中的漏报以及当时的预报结论是什么。若是短期预报中的漏报，应属正常；若是短时预报中的漏报，就应根据雷达监测资料对其漏报原因进行详细分析，以便对今后做好冰雹等强对流天气预报有所启示。因此，建议作者针对降雹地区进行雹前天气分析，即充分利用加密自动站观测资料进行中尺度分析和物理量场演变分析。”对比加工前后的审稿意见，显然后者表述更具体、更有说服力、可操作性更强。

做到对专家审稿意见精彩润色并非易事，除了需要编辑具有强烈的责任心之外，还需要编辑具有较丰富的专业知识和较强的文字处理能力。只要编辑怀着虚心和诚心去对待专家审稿意见，纵然不是“学者化”的编辑，在认识到了专家审稿意见可能存在的问题之后，也还是可以与专家对话的（丁平和吴练达，2007）。有了这种自信，才能将专家审稿意见变成一篇篇要点突出、条理清楚、结论明确的优秀短文，使作者看得懂、便于修改，同时让作者心生敬佩。

需要指出的是，并非所有专家的所有审稿意见都有必要进行加工，加工只针对不足以发挥审稿功能、未达到期刊社或编辑部要求的审稿意见。对专家审稿意见加工的效果如何，关键在于适度。加工过度，既可能弄巧成拙，曲解专家原意，将作者引入歧途；也可能无意中将编辑本人不恰当的观点假借专家之名强加给作者，使审稿人名誉无形受损。加工不够，其弊端不言而喻。

第四节　编辑对作者著录参考文献的引导

参考文献是科技论文不可或缺的重要组成部分。10多年前，国家就发布了GB/T7714—2005《文后参考文献著录规则》（现已修订为GB/T 7714—2015《信息与文献 参考文献著录规则》代替以下简称《规则》），尽管该规则施行已久，但参考文献著录中的问题仍大量存在，如参考文献引用失真、过时、不当以及引而不著、著录格式不规范等（黄政等，2009）。这让不少编辑感到难以理解，他们往往需要花费大量精力和时间去规范来稿中的参考文献。究其原因，大多数期刊编辑对自身理解、应用上述《规则》较为重视，却忽略了对作者理解、应用该《规则》的引导。为了进一步提高科技论文的规范化水平和科技期刊的出版质量，编辑有责任正确引导作者著录科技论文参考文献。

一、引导作者明确著录参考文献的意义和作用

对参考文献著录的意义和作用，大多数编辑自然是熟悉且明了，但许多作者尤其

是写作基本功较差、实践经验欠缺的论文初学者未必清楚。面对这些作者，编辑既要教其如何著录参考文献，更要让其懂得为何著录，即明白参考文献对于科技论文的重要意义和作用。陈浩元(2005)早在总结已有众多文献相关论述的基础上，将著录参考文献的意义和作用归纳为六条：(1) 体现科学的继承性，尊重知识产权；(2) 精炼文字，缩短篇幅；(3) 便于编辑和审稿人评价论著水平；(4) 与读者达到信息资源共享；(5) 利于通过引文分析对期刊水平做出客观评价；(6) 促进情报科学和文献计量学研究，推动学科发展。陈浩元的归纳言简意赅，编辑对广大作者有告知和解释的义务。告知渠道主要有五条：(1) 在《征稿简则》中写明；(2) 在期刊网站中的《投稿须知》中给出；(3) 在编辑初审意见中指出；(4) 举办科技论文写作知识讲座时介绍；(5) 面对面指导。

上述告知渠道中，以后两种效果最好。多年来，《暴雨灾害》编辑坚持不定期到作者集中的地区或单位作科技论文写作知识讲座，对陈浩元老师归纳的著录意义和作用进行细化讲解，并举例分析，努力让作者既知其然也知其所以然，收到较好效果。有条件的编辑，应尽量作面对面指导，现场讲解并解答作者心中之惑，其针对性更强，也必然会给作者留下深刻印象。

二、引导作者适当控制参考文献数量

统计结果表明，2001 年度，美国《科学引文索引》(SCI)收录论文平均参考文献量为 28 篇，国内统计源选取的统计论文平均参考文献量为 6.8 篇，我国科技期刊论文平均引文数为 7.36 篇(中国科学技术信息研究所，2002)；到 2010 年，我国科技期刊论文平均引文数上升到 13.41 篇(中国科学技术信息研究所，2011)。比较而言，国内科技期刊论文参考文献引用量仍偏低。但一篇科技论文引用多少篇参考文献才合适，目前尚无统一规定。丁春(2008)认为，引用参考文献要根据论文主题和写作需要，一般以 10～15 篇为宜。此建议较为中肯，与国内整体科研实力和科技论文写作水平相符。

在科技论文初学者的单篇稿件中，引用的参考文献一般不足 10 篇。对这类作者，编辑要在告知其少引弊端(如不足以反映研究的传承性、连续性和创新性等)的基础上，为作者提高文献检索能力、增加了解前人或他人工作途径献计献策，并督促其适当增加引文数量。至于增加到多少篇合适，若期刊对参考文献引用数量有具体要求，则按要求执行，尽量遵守其约定，如《编辑学报》，在《征稿简则》中规定“应充分、恰当地引用参考文献，综述、论文的文献数一般不少于 15 条/篇”。再如《暴雨灾害》杂志，作为纯学术期刊，规定一般论文(不含综述论文)参考文献引用量至少在 15 篇以上，如果引用量不足 15 篇，便会在稿件退修意见中明确要求作者按规定补充。

也有作者撰写的科技论文，存在参考文献引用过度的问题，似有为引而引之嫌。对这类论文的作者，编辑应当建议其合理且适当引用文献，并说明：太多无用的参考文献不仅会掩盖论文主题和特色，造成研究重点和创新点不突出，还会因占用大量版面而增加版面费。同时，建议作者按照全面性、代表性、公正性、时效性原则（王平，2004）进行精减，杜绝非必要引用、非正式出版资料引用、不恰当自引等问题，坚决抵制为提高某论文、某作者、某机构的影响力而人为造成文献数量虚高。

三、引导作者合理选择参考文献

撰写科技论文时，作者需要查阅并使用大量文献，但不可能将其查阅到的所有文献都作为参考文献而列于文后，必须有所选择。石朝云和游苏宁（2008b）提出参考文献著录的2个基本准则：一是必要性，凡为研究提供支持与借鉴的文献均应著录；二是可追溯性，即可检索性，已标注文献所提供的线索能使阅读者查阅到原始文献。这2个基本准则不无道理，但对作者而言，其可操作性不强。为免除作者精挑细选参考文献的烦恼，可建议作者尽量引“两名一新”文献。

（一）引名刊文献

名刊即权威期刊，包括核心期刊、精品期刊、优秀期刊等。一般来说，名刊论文在发表前都经过了严格的审稿程序以及同行专家评议，其学术权威性和影响力为普通期刊难以企及。因此，要让作者知道，引用名刊文献，在一定程度上说明其自身研究起点高、选题眼界高、学术影响层次高。

（二）引名家文献

名家之成名，不仅源于他们拥有较高的学术威望、学术地位以及取得的巨大学术成就，更重要的是他们持有严谨求实、一丝不苟的治学态度，往往引领本学科发展动向和研究方向。不少名家文献，堪称经典文献。要让作者明白，引用名家文献，不仅可增强自身研究工作的可信度与说法力，还可通过深度阅读借鉴其研究思路与写作方法。

（三）引最新文献

最新文献往往关注的是当前学科领域中的焦点、热点和难点问题。要让作者相信，引用最新文献，本身就说明其研究新颖且重要，同时反映其对该学科领域研究动态了解的广度与深度，表明其较强的文献检索能力。对某一研究选题而言，也许没有最新的直接文献，但不应忽视那些最新的间接文献。如一篇投到《暴雨灾害》的有关内蒙古暴雨气候研究的论文，作者引用的文献几乎全是10年前的，编辑在初审意见中建议作者以引用内蒙古暴雨气候研究中最新成果和进展为主。作者回复说，查无相关文献。考虑到内蒙古位于我国北方，编辑以中国暴雨和东北暴雨为关键词，从网上检索到多篇涉及内蒙古暴雨时空变化特征研究的文献。可见，编辑应开阔作者检索最新文献的思路，并向其提供有效方法。

四、引导作者避免漏引参考文献

有的作者不清楚在文内何处引参考文献，往往是该引之处未引，不该引的地方却引了，显得随意而盲目。陶范(2006)认为，凡是与选题密切相关的文献应尽量加以引用，不能漏引；无关或关系不大的不予引用；无特殊需要，不必罗列一般知识性内容。编辑在初审稿件时，应高度关注作者是否漏引文献。

(一)在概述研究背景或现状时

有的作者在对与选题相关的研究事实或现状进行概述时，易将其视为一种背景知识而漏引参考文献。如，“多年来，登陆台风暴雨一直受到广泛关注。”这一历史事实是否成立应依据确凿，编辑应建议作者给出若干篇文献予以佐证。再如，“我国学者对雷暴已有很多研究……。”雷暴研究的这种现状是否属实，应要求作者提供一组文献来证明，否则，便有“凭印象臆断”之嫌。上述两例中的参考文献均不可省略。

有的作者在介绍相关研究进展时，多会列举某些重要研究工作，对所列举的各项工作均应引文献加以确认。如，“国内对于 MODIS 资料的接收处理与应用工作已于近年正式开展起来，相关研究包括 MODIS 气溶胶光学厚度反演和云微物理参数反演等。”要让读者确信“气溶胶光学厚度反演”和“云微物理参数反演”研究已有人在做，其后均不能漏引文献。

有的作者为了在文中说明某项研究的重要性和普遍性，强调国内外在该专业领域做了大量工作并取得丰硕成果，但文中要么遗漏国外文献，要么引有国外文献，也是象征性地引 1～2 篇，相对国内文献明显偏少。面对这种情况，编辑有责任引导作者：如果作者没有找到相应的国外文献，就只谈国内的工作；如果找到的国外文献很少，可在介绍完国内工作后，实事求是提及所了解的国外相关工作。

(二)在介绍研究方法时

有的作者在论文中对研究方法尤其是对一些常用研究方法的介绍较为简单，甚至一笔带过，但又不引文献。如“为了进一步研究雷暴日数的阶段性和周期性变化规律，对 1960—2002 年长时间序列雷暴资料进行了小波变换分析。”该表述中，“小波变换分析”之后不能漏引文献。因为小波分析方法有多种，种类不同，其适用范围和有关参数设置会有差异，作者不具体指明用的是哪种，编辑和审稿人便无从判断其是否使用得当。

(三)在使用特殊人称叙述有关重要事实时

科技论文中，有时会用到“人们”“有人”“大家”等特殊人称来叙述有关重要事实，编辑应提醒作者不可将其误认为公知公用的常识而漏引文献。如，“后来，人们根据发现者的名字，把这种振荡称为 Dansgaard/Oeschger 循环，简称 D/O 循环(D/O 振荡)。”该文作者在“Dansgaard/Oeschger 循环”后标注了参考文献，这是必不可少的。

参考文献著录质量在一定程度上影响到科技论文质量，因此，编辑应重视对作者著录参考文献的引导。除了从上述四个方面做好相应的引导工作之外，还有不少工作可做。如，不断强化作者的引文意识，规范作者在论文正文中正确标引文献，向作者提供搜索或下载引文的渠道，等等。需要说明的是，本文论及的引导，均以作者对文献的客观著录为前提，未涉及作者的学术诚信、著录动机等主观因素。

第五节　科技论文创新性编辑初审三例

科技论文的生命在于创新，创新性是科技论文有别于其他科技类文章最本质、最显著的特征（姜艳秋，1999）。创新的质量分为原创、再创、补创和无创新四个层次（常思敏，2003），原创是具有自主知识产权的核心技术的发明或重大理论发现，再创是知识或生产要素的重新组合，补创是对知识或技术的补充、完善或延伸，无创新是重复别人已有的学术观点、知识；我国科技论文中的多数属于补创。以往不少编辑同人撰文探讨了科技论文创新性初审的原则、内容、质量和途径（朱大明，2007a；王晓梅等，2009；陈翔，2010；钟细军，2010；王萍等，2011），但没有论及编辑在创新性初审过程中应该如何给予作者力所能及的帮助。本节根据三个气象科技论文的初审案例，探讨编辑在稿件初审环节如何帮助作者将科技论文写出新意。

一、帮助作者优化选题

科技论文写作是从选题的酝酿、斟酌和落实开始的，这一过程看似简单，实则不易。有些作者往往对选题未经深思熟虑，仅凭一时的感觉或冲动，仓促下笔写作论文；论文写成后，作者自己未必满意，但仍会抱着试一试的想法将稿件投给编辑部。在编辑看来，这类稿件带有明显的盲目性、模仿性或拼凑性，更别说有创新了，根子在于作者的选题出了问题。要帮助作者解决这一问题，编辑可以通过帮助作者优化选题来达到帮助其将论文写出新意的目的。编辑在帮助作者根据优化后的选题重新理清写作思路时，不仅要善于指导作者缜密思考问题，还要给作者提供修改论文的可操作性路径（王银平，2016）。

例 1　对你们的这篇文章，我认真地看了两遍。从稿件目前情形看，如果不对现有选题进行优化，估计很难通过专家复审。具体建议或意见如下：

（1）最好能抓住一种典型天气现象进行分析，要么主要使用闪电定位资料分析暴雨，要么从提高雷电预报预警业务水平的角度出发，主要使用闪电定位资料和雷达资料分析雷电。

（2）至于是分析暴雨还是雷电，取决于该过程是以水灾为主还是以雷灾为主，如果是前者，就参考《一次强暴雨过程地闪活动特征与中尺度对流系统和强降水的关系》一文(见《气象》2012 年第 1 期)重新构思,如果是后者,就参考《两次致灾雷电天气过程对比分析》一文(见《气象》2008 年第 4 期)重新组织。

(3) 在取舍第(2)点建议的基础上,再考虑论文的层次结构、语言表达等细节问题(具体意见见修改稿)。

例 1 是我对一篇在校研究生论文写的初审意见,其题名为《基于多种探测资料的“8·30”湖北雷雨天气个例分析》。之所以认为该文没有新意,原因在于作者对“8·30”湖北强天气定性不明确。这次过程中出现了暴雨、雷暴、云地闪等天气现象,作者既想分析“雷”也想分析“雨”,结果一样都没有分析清楚。对这种模棱两可、写作思路不清的论文,他人无力帮其修改,只能帮其优化选题、缕清写作思路。我将初审稿(作为附件 1)连同两篇参考文献(分别作为附件 2 和附件 3)都发给了作者,尽管作者后来撤稿了,但一再表示这次投稿的最大收获是让他明白了“科技论文如果没有创新性就不可能发表”的道理。

二、帮助作者调整论文结构

对于那些常规性或大众化的科技论文选题,写作上一般都有约定俗成的套路。如暴雨个例分析论文,原则上,应先做天气动力学诊断分析,即先分析产生暴雨的热力和水汽条件,再分析动力触发机制、地形影响等,后做中尺度特征分析(主要利用卫星云图、雷达产品、地面加密自动气象站资料来做),最后做综合分析(若有可能),归纳暴雨天气概念模型。有的作者总想跳出这种套路另辟蹊径,想法倒是不错,但如果准备不充分、考虑不细致,很可能会弄巧成拙。对这样的论文,编辑在初审时就有必要帮助作者将论文结构调整到套路上来。

例 2 首先,感谢你对《暴雨灾害》的信任与支持。对你投来的《西安“8·3”极端大暴雨中尺度特征分析》一文,本刊编辑已初审。初读意见如下:

(1) 题名中“极端大暴雨”的说法不妥。要么说“大暴雨”或“极端暴雨”,要么说“极端强降水”,或者说“短时强降水”。建议将其改为《西安“8·3”短时强降水环境条件与中尺度成因分析》。

(2) 引言写作,宜简洁明了,不要过度铺垫,建议开门见山,直接进入正题。请从“关中地区地理位置和暴雨过程实况”说起;然后,讲清对关中地区短时强降水个例与成因进行分析研究的意义;再说以往国内或省内在“关中地区强降水特征与成因”研究方面都有哪些成果(引文一定要有针对性,不要列举那些与本文无关的文献),并略作评述(引用他人文献,不仅要说明他人做过什么工作,还要具体给出与本研究有关的一两点结论),通过评述,说明本研究与以往同类研究相比有何不同;最后,简单提一下本研究要达到的预期目的。

(3) 降水实况写作,宜详细具体。一定要说清楚该过程具体什么时间从哪里开始、什么时间在哪里达到最强、什么时间结束,并归纳其特点,如雨强是否大、范围是否广、持续时间是否长、造成灾害是否严重等。这很重要。因为无论是下面的大尺度环流背景分析还是中尺度成因分析，都要围绕其特点以及强降水集中时间、落区（落点）和强度变化展开，即下文分析应说清楚如此强的降水过程为何会出现在这一特定时间、特定区域。

（4）第2节标题宜改为“环境条件”。此节标题修改之后，下辖大尺度环流背景、不稳定与水汽条件、动力条件三个小节。建议将后面相关内容挪到本节之中。

（5）第3节标题宜改为“中尺度成因分析”。此节标题修改之后，下辖地面中尺度扰动对强降水的作用、中尺度对流系统演变与强降水的关系、强降水回波特征分析三个小节。

（6）第5节标题宜改为“结论与讨论”，并从“结论”和“讨论”两个部分来写。前者只需从正文中提炼出几点重要结论顺序罗列，即从多个侧面来回答引言中提出的问题；后者（“讨论”）写作重在说明本研究能给同行（后来的研究者）带来哪些启发和新的思考，并尽可能指出本研究还存在哪些不足、原因何在、今后如何解决，等等。

例2是我对一位陕西作者来稿写的初审意见，希望作者参考编者给出的意见或建议以及近年来发表在《暴雨灾害》上的同类论文的研究思路和写法，对原稿进行重新构思、组织、完善后重投。后来，作者基本采纳了编者的建议，将原稿题名改为《西安“8·3”大暴雨的环境条件与中尺度特征分析》（张雅斌等，2016），并据此对其结构进行了调整。最终该文发表在2016年《暴雨灾害》第5期（此稿发表，也先后通过了专家复审和主编终审，下同）。

三、帮助作者将无创新论文改的有创新

学术论文创新性的有或无、大或小是相对的，不宜因其在某一层面无创新而一退了之；要因稿、因人、因刊具体分析，只要论文还有一点价值，就尽量给作者修改机会。

例3　对你们撰写的《武汉市油气库雷电预警服务系统》一文，已阅。该文内容尚可，但全文结构和写法上需做一些调整，以突出该系统的创新性。具体初审意见如下：

（1）该文选题尚好，要明确你们写作此文旨在介绍雷电预警服务硬件还是软件。如果是前者，建议题名改为《武汉市油气库雷电预警服务技术与应用》；如果是后者，原题改为《武汉市油气库雷电预警服务系统设计与应用》，同时论文结构调整为，引言→系统设计（包括设计思路、方法、主要功能等）→系统实现或开发（包括流程、运行步骤等）→系统应用（最好提供1～2个实际案例，不宜泛泛地定性表述）→小结。

（2）“摘要”还有进一步完善的余地。主要说明作者在开发该系统中采用了哪些先进理念、方法和技术，以及该系统表现出怎样的应用效果或前景。建议“摘要”参考如下的写法：“为了满足什么需求（或达到什么目的），根据哪些资料，使用何种方法，应用什么技术，设计开发了武汉市油气库雷电预警服务系统。该系统采用什么语言

编程，具有哪些功能。自其什么时间投入运行以来，成功地对多少次雷电过程进行了预警，获得了怎样的服务（或应用）效果。”

(3)“引言”还可写得更规范、更有学术味。就本文而言，可从防雷减灾业务或气象服务需求出发，说明设计该系统的理由，是首次研发，还是在相关系统的基础上做了改进性开发；另外，指出该系统是否具有普适性，还仅仅是个案。总之，要让同行读者知道，开发的这一系统到底能满足哪些气象业务或服务需求。

(4) 建议补充一段“小结”。在归纳该系统的先进性和实用性的基础上，指出其推广前景，以及当前还存在哪些缺陷、今后将从哪些方面对其进行改进和完善。

(5) 在行文上，宜使用科技学术语言。少用叙述性语言，如介绍说明性文字；多用论述语言，如比较分析类文字。

例 3 是我针对一篇技术工作总结稿写的初审意见。严格地说，原稿算不上一篇学术论文。我告诉作者，《暴雨灾害》为学术期刊，对稿件的学术质量和写作质量均有较高要求；希望作者按照上述初审意见修改后重新投稿，同时允许作者直接将其转投别的刊物。后来，作者选择了按初审意见继续修改并再投《暴雨灾害》。此稿经过作者不厌其烦地多次修改，使一篇无创新的总结类稿件变成了有创新的学术论文（余蓉等，2014），最终得以在《暴雨灾害》上发表。

编辑要在初审环节对科技论文有无创新性进行评价已是不易，但要帮助作者将缺乏甚至无创新性的科技论文改出有创新性就更难了。编辑是否有责任帮助作者将科技论文写出新意呢？回答是肯定的。理由有三：为国家或行业培养科技后备人才；培育优秀作者群，提高期刊稿源质量和学术质量；赢得作者的尊敬。但如果要帮，编辑必先具有乐于助人的职业操守，还要不断学习新知识、掌握新技能、积累新经验，努力做学者型编辑，练就过硬本领，才能既愿帮，也能帮。

第三章　气象科技论文作者因素分析

气象科技论文是气象科学研究与技术总结的结晶，它直接反映了气象科技工作者的综合素质，如思维能力、选题能力、试验设计能力、统计分析能力、语言组织能力等。不少作者虽然很想写好气象科技论文并使之在自己所期望的科技期刊上顺利发表，但往往力不从心、事与愿违。究其原因，还是作者撰写科技论文的能力不够、水平有限。作者写作科技论文的水平高低，主要取决于作者因素，即作者自身的主观愿望与客观努力，他人的引导和帮助尽管也很重要，但只是外因，外因只有在作者将主观愿望变成自觉行动后才能发挥作用、见到成效。科技论文写作水平的提高，是一个循序渐进的过程，无捷径可走，需要多学习、多积累、多思考、多总结，多实践，才能真正掌握其写作要领。因此，分析作者因素，无论对气象科技工作者整体素质提高，还是对气象科技期刊整体质量提升，都具有十分重要的意义。

第一节　作者类型及其投稿心态

科技期刊的特点决定了科技期刊编辑工作的特殊性，编者在日常工作中既要审阅大量来稿，也要及时做出退稿、送审或退修的取舍；如果决定刊用，还要在稿件的标准化、规范化方面做大量工作。对一篇稿件的处理，经过了初审、送审、退修、编辑加工、校对等一系列工序之后才告结束。在处理稿件的过程中，绝大多数编辑是就稿论稿，严格按稿件质量决定取舍，一般不会考虑作者的投稿心态。编辑实践证明，科技期刊编辑如能预先洞悉作者的投稿心态，对提高稿件编辑效率、确保用稿质量、扩大期刊知名度以及融洽编者与作者之间的关系均大有裨益。基于稿件质量和作者对论文是否发表的关注程度，科技论文作者可以被划分为四种类型。作者类型不同，其相应的投稿心态也不同，科技期刊编辑能够通过多种途径洞悉作者的投稿心态。

一、作者类型的划分

思想决定行为。科技人员撰写并发表科技论文决不是一种无意识的盲目行为，它必然要受到某种或多种思想的支配和驱动。稿件是作者通过反复思考、科学试验、深入研究、精心写作等一系列过程而获得的劳动成果或智力产品。在多数情况下，编辑面对的只是作者投送来的稿件，而无法面对作者本人，这给了解作者的投稿心态带来了一定困难，因为不同作者在投稿心态上具有较大差异，所以要想洞悉作者的投稿心态，就有必要对作者进行分类。

通常情况下，编辑与绝大多数投稿者都没有面谈的机会，编辑与作者之间的交往多限于就稿论稿，很难从作者的外在特征和内在素质对其进行归类。然而，科技论文是联系编辑和作者的"纽带"，编辑只能从自身工作实际出发，将划分作者类型的依据或标准限定在稿件上。因此，以稿件质量和作者对论文是否发表的关注程度为依据或标准，可将科技论文作者划分为事业至上型、学术兴趣型、职业任务型、被动写作型、抬高身价型、急功近利型六种类型。

二、不同类型作者的投稿心态

（一）事业至上型

事业至上型作者一般都具有非常强烈的事业心、进取心和使命感，其学术品行端正、基础理论功底深厚、专业知识渊博。这类作者撰写科技论文完全是出于对人类科学精神的崇尚、对促进科技事业发展的责任、对实现自我人生价值的期待，其投稿也完全是一种自觉自愿的主动行为。他们熟悉科技论文写作规范和技巧，再加上其所提供的论文大多来源于某项研究课题中的科研成果，或是对前人已有科研成果的高度概括。其论文的学术价值一般都较高，也深得编辑的看重和赏识。

在整个科技论文写作和投稿过程中，这类作者始终拥有一种坦然而平常的心态，他们乐观自信，也愿意与编辑合作，对编辑所提出的论文修改意见不仅能认真对待、积极思考，而且能做到有错必纠；同时，他们对自己的论文是否能够发表，虽然也表现为一定程度的关注，但不会表现出焦躁急迫。这类作者多是工作在科研或业务岗位上的精英，他们志向高远，气度非凡，胸怀博大，渴望并有实力成就自己的一番事业。

（二）学术兴趣型

学术兴趣型作者因为对某一学术领域或学术问题表现出浓厚的兴趣，他们撰写科技论文纯属兴趣使然。正是出于兴趣，他们愿意将更多的时间和精力花在科研与写作上，即使在外人看来这事又苦又累、得不偿失，他们依然初心不改，乐在其中，不图名、不唯利。他们先是对追根溯源、寻根究底式的"研究"有兴趣，然后自发产生科技论文写作与投稿行为，他们发表论文目的主要是想与兴趣相投者分享自己的研究乐趣与研究结果。

在整个科技论文写作和投稿过程中，这类作者的投稿心态较为淡定、动机单纯，其稿件能发表则发表，退稿也不怨天尤人，照样兴趣浓郁，丝毫不影响写作和投稿热情。其投稿质量一般较高,因为这类作者的学术兴趣往往与其知识结构、当前所从事的专业技术工作相契合,同时作者对待科研和写作严肃认真、一丝不苟,且其思维活跃、思路清晰,总能站在学科发展前沿选题,写出的论文新颖独特,多数属于优质稿件。

(三)职业任务型

职业任务型作者对科学研究和论文写作原本无多大兴趣,但作为从业要求,他们也乐于承担科技论文写作和投稿的工作任务。虽然不是所有的职业都对科研和写作有明确的任务要求,但越来越多的科技工作者愿意通过发表科技论文来展示自己的专业水平和工作能力。如身在科研单位的一线研究人员,不断申报或争取各类基金项目、科研专项等是他们的职责所在,无论是为了争取项目还是执行项目,他们必须写作并大量发表科技论文。又如,有的专业技术人员要去参加有关专业或专题学术研讨会,预先提交科技论文是报名参会的前提条件,如果没有科技论文,参会就很难获得单位批准。再如,上级业务部门或单位领导临时布置科技论文写作任务,任务无论落到谁的头上,谁都必须承受。一个追求上进、勇于担当的从业者,都会看重任务完成的质量和效果,要么不接受,一旦接受,就会全力以赴,以求任务圆满完成。

在整个科技论文写作和投稿过程中,这类作者的投稿心态虽然偏向急切,但其态度诚恳、谦逊,希望稿件投出去之后能尽快得到编辑部和同行评审专家的认可,并在完成任务允许的时间内顺利发表。同事业至上型作者一样,这类作者投稿之后能较好地与编辑合作,对编辑和评审专家提出的修改意见,不仅高度重视,还能不厌其烦地尽全力修改,直到达到发表要求为止。

(四)被动写作型

被动写作型作者通常有较强的自尊心,对自己在单位中的形象、声誉和地位很在乎,虽然他们主观上并不一定对撰写科技论文感兴趣,但在生存发展和技术职务竞争日益激烈的压力下,为了不使自己与周围的同事或昔日的同窗相比在行政职位、科研成就和相关待遇方面拉开太大的距离,他们不得不投入较多的时间和精力从事科技论文写作。

这类作者普遍具有较高的科技论文写作水平,尽管写作对其而言未免有些被动,但他们注重写作效率和投稿命中率,不求论文数量多,唯求论文质量高。在投稿时,这类作者往往表现出一种志在必得的心态,对自己的论文是否发表极其关注,一旦其目的达到,便不再或暂且放弃科技论文写作。

(五)抬高身价型

抬高身价型作者对待科技论文发表,其愿望较为迫切,并具备了基本的科研能力和文字功底,但内心对自己的写作能力和论文质量信心不足,往往抱着试一试的想法，以一种侥幸心理将稿件投出去。因此，为了使自己撰写的科技论文投到期刊编辑部之后顺利通过评审并得到编辑的首肯，他们最乐意做的事就是在论文中随意署上某位领导、技术权威或资深专家的名字，试图借助领导或科技名人的影响力来抬高论文的身价。也许这些被挂名者根本不了解作者的研究工作，或没有仔细审阅过作者的论文，甚至与其素不相识，这无疑是一种有意的作假行为（谢巍，2000）。当然，此类论文中也不乏佳作，但其整体质量有的可能不够高。特别是对其可能带来的不良影响，编辑要予以高度重视。如果是一篇粗制滥造的论文，其质量不言而喻，这必然会损害被挂名者的声望和学术形象。

对待科技论文投稿，这类作者因为平时缺乏对科技论文写作知识积累和写作实践，但是为了使自己所撰写的科技论文能够得以顺利发表，有的便想到了走捷径，试图借助他人的名气抬高自己的身价，也可能误导编辑对稿件的决策。这类作者有的事业心也很强，有的也得到了一些专家指点，因此编辑对其应当多鼓励、不宜指责。

（六）急功近利型

急功近利型作者多属于实用主义者。平时对撰写科技论文不感兴趣，也不愿意在科技论文写作上付出艰辛的劳动。部分作者可能比较看重利益得失，之所以想到发表科技论文，多是出于一种迫不得已，或者关涉职称晋升，或者面临研究项目结题，或者应付年终考评，如果这时不能写出并发表几篇科技论文，就将影响其切身利益，他们才“临时抱佛脚”，只图获取一时之利。

这类作者由于在投稿之前既无充分的思想准备又缺乏对相关文献资料及研究动态信息的收集和积累，其论文一般都不成熟，甚至质量较差。他们在写作论文时，其常见的做法是采取对他人的论文改头换面或简单重复自己过去发表的论文，有时明知自己的论文达不到发表要求，却热衷于托人情、找关系，以求论文得以在正式刊物上顺利发表。这类作者投稿可能有一种投机心理，编辑在处理其来稿时应尽量慎重，也应善待这类作者和投稿。

三、洞悉作者投稿心态的途径

（一）建立作者信息档案库

对一种具体的科技期刊来说，经常给其投稿的作者在一定时段是相对固定的。编辑除了关注这些作者的论文质量之外，还要通过各种渠道主动收集与之相关的其他信息。如：作者的学历层次、职务职称、科研道德、学术水平、写作能力、获奖情况等。然后，对所收集到的信息及时进行筛选和综合，并建立作者信息档案库。通过作者信息档案库，编辑不仅可以初步判断出作者属于何种类型，还可大致了解作者的投稿心态。

（二）悉心审读来稿

在一定程度上，作者的投稿心态决定了作者在撰写科技论文全过程中所持的态度和所下的功夫，所以其心态多少会反映在科技论文质量上。编辑通过对来稿进行悉心审读，即从题名、摘要、资料来源与研究方法、层次结构安排、图表设置、逻辑论证、语言表达甚至标点符号等各个方面进行学术鉴审（王银平，2000），也可大致洞察作者的投稿心态。这就需要编辑对来稿有一个全面的了解，并据此对科技论文质量作出客观评价。

（三）与作者面对面交谈

通常情况下，编辑与作者进行面对面交谈的机会不多。有时那些本地、本部门、本单位或本校的作者，他们为了使自己的论文得到编辑通融（其质量差强人意）或优先发表，会接二连三地登门拜访或电话询问。对作者的这些做法，编辑不应心生反感，还要态度诚恳，热情接待，仔细倾听他们的要求，耐心解答他们的问题，尤其是对初次向期刊投稿的作者，更应以礼相待，多加鼓励。俗话说，言为心声。在与作者面对面的交谈过程中，编辑通过查其言、观其色，是不难了解作者投稿心态的。

（四）短信交流

对大多数科技期刊来说，作者与编辑之间的联系，最常用的方式是电子邮件、微信、QQ或手机短信。采用这些方式的最大好处是可以避免面对面交谈因话不投机带来尴尬。随着互联网技术和现代通信技术的迅速发展，大多数作者都乐意选择利用网络通信联络方式向编辑坦露自己对科技论文写作与投稿的真实想法，编辑从中就不难洞察其投稿心态。

值得一提的是，有极少数作者不能实事求是地评价自己撰写的论文，在短信交流中对其论文冠以溢美之词，并不厌其烦地叙述论文的创造性、实用性和先进性，编辑对此应保持头脑清醒，不单凭作者的夸大其词而误判了其真实的投稿心态。

四、作者类型及其投稿心态的复杂性

编辑实践表明，事业至上型、学术兴趣型、职业任务型、被动写作型作者是科技论文投稿者的主流，抬高身价型、急功近利型作者占比较小。作者类型不同，其投稿心态存在较大区别。这就要求编辑在科技期刊编辑出版实践中善于发现事业至上型、学术兴趣型、职业任务型和被动写作型作者，引导抬高身价型作者，帮助其树立正确的价值观，引导急功近利型作者端正学术态度。值得注意的是，一段时期内，科技论文作者类型基本固定，其投稿心态基本定型。但从长远看，作者类型可以相互转换，其投稿心态也会随之改变。对某一个体而言，作者的投稿心态往往不是单一的而是复杂的，这就需要编辑在编辑活动中仔细考察。

第二节 作者问题意识及其构成因素

追问是人的高贵天性(王鸿生,2004),科学研究以及科技论文写作都涉及潜伏在追问行为下的问题意识。在科技期刊编辑出版实践中,作者的问题意识尚未引起足够重视,这在一定程度上影响到了科技期刊的论文质量。从表面上看,科技论文写作是实录试验过程,叙述并讨论试验结果;从本质意义上看,科技论文写作是研究问题,即按照“提出问题、分析问题、解决问题”的思路揭示客观事物内在联系和变化规律,提出有别于前人或同行的新理论、新观点或新方法。因此,培养敏锐的问题意识,将其自觉地运用到科学研究与科技论文写作实践中,是科技期刊作者追求理想、实现抱负、尽快成才不可或缺的基本因素。

一、问题意识的形成心理基础

所谓问题,这里特指需要研究、讨论并加以解决的矛盾、疑难。关于问题意识,人们多从心理视角予以阐释,如指个体知觉到现有条件和目标现实之间需要解决的矛盾、疑难等所表现出来的心理体验(曹卫平,2005);或指心中不时地想着某些事物,非要想出个解决办法不可的心理状态(刘汉民,2000);或认为是一种强烈而明显的解决问题的意念,是相对持续和稳定的心境,其基本特征是科学用脑,勤于思考(马笑霞和陈振江,2000)。综上所述,科技期刊作者的问题意识主要反映在三个方面:一是捕捉问题的兴趣,兴趣在作者的写作实践中具有重要意义,兴趣可以使其集中注意力,产生愉快紧张的心理状态,这对作者的认识和活动会产生积极影响,有利于提高写作质量和效率,同样,兴趣也是问题意识形成的重要前提;二是探询问题的广度和深度,科技期刊作者在思考、探究问题的过程中,开阔视野,深入问题的核心,抓住问题的关键,以此获得对问题本质的、规律性的认识;三是实现问题最终解决的速度与质量,提出问题,分析问题,最终是为了寻求问题的解决,同一问题,不同作者可采取不同手段和方法、花不同时间加以解决,其解决效果也存在差异,用最短时间将问题解决的效果最佳,是问题意识很强的表现。

二、问题意识的构成因素

(一)责任意识

所谓责任意识,通俗地讲,就是自觉地将分内工作做好的心情。科技期刊作者的责任意识是指科技期刊作者在科学研究、技术开发或成果推广应用等活动中对完成任务、履行职责的过程持积极主动的态度而产生的一种较为复杂的情绪体验。责任意识在问题意识的产生中具有重要作用，是问题意识形成的先决条件。责任意识对作者的社会行为起到重要的激发、激励和自勉的作用。作者履行了自己的责任，就会产生满足、心安、充实的情绪体验。

从一定意义上说，科技期刊作者对形象、声誉和职业道德的坚守，要求其具有强烈责任意识，对待工作，认真负责，兢兢业业；对待科技发展中的新理论、新技术、新方法保持浓厚的兴趣；对待工作中遇到的困难，既不回避，也不畏惧，并想方设法加以克服。在责任意识的驱使下，作者就会始终关注、思考和研究工作中出现的各种问题，以撰写并发表科技论文为乐。

（二）敬业意识

所谓敬业意识，是指科技期刊作者对所从事职业的心理认同。敬业意识对问题意识的形成起到陶冶、诱导和启发的作用。一个人职业可以不同、智商可以有高下、能力可以有大小、职位可以有高低，但敬业没有贵贱之分和贤愚之别。科技期刊作者对自身存在价值和生命意义的认识越深刻、对敬业内涵的理解越透彻、对敬业行为的把握越符合社会道德规范，也就越能高屋建瓴、高瞻远瞩地思考问题，以满腔热情处理问题，以创新思维不断提出问题和解决问题。因此，检验科技期刊作者的敬业意识，一看其在工作实践中能不能发现问题；二看其发现了问题，敢不敢深究，能不能科学处理和圆满解决。

科技期刊作者的敬业意识的外在表现：一是热爱本职工作，一切从科技工作实际需要出发，遵循“有所为、有所不为”原则，肩负促进人类科技进步和生产力发展的使命，不断丰富科学研究的内涵；二是尽力克服工作中遇到的各种困难和挫折；三是利用所学知识和所掌握的技术，努力为社会、人类、科技事业奉献一份力量。获得2002年度诺贝尔化学奖的日本人田中耕一，是一位名不见经传的小人物，既没有硕士、博士学位，也没有教授职称，只是一名中小企业的工程师，他凭借一种顽强的敬业意识在科学研究上做出了重大贡献（韦佳，2003）。可见，敬业意识不是虚无的、空洞的，它可转化为一种强大的、无坚不摧的力量。

只有在敬业意识的支配下，科技期刊作者才有坚定意志和强大动力写作科技论文，一旦将撰写和发表科技论文的愿望同敬业意识相结合，不仅不会将论文写作当成一种心理负担，反而会更加热衷于科学研究和问题探究，以在最具影响力的学术期刊上发表更多论文为荣。

（三）探索意识

所谓探索意识，是指科技期刊作者在多方寻求答案、解决疑问的过程中所体现出来的一种活力。探索意识在科技期刊作者的社会行为中具有不可替代的作用，是构成问题意识的最主要成分，也是其问题意识得以形成的根基。

科技期刊作者探索意识的主要表现：(1) 自觉树立理论联系实际的作风，自觉运用科学理论武装头脑，准确领会并把握其精神实质；（2）按照解放思想、实事求是的原则，把思想从那些不合时宜的观念、做法和体制的束缚中解放出来；（3）着眼于新的实践，创造性地开展工作，在实践中发现问题，在探索中解决问题，努力成为最具活力、最少保守思想、最具开拓精神的科技先锋。探索精神要求科技期刊作者积极思考、勇于实践、敢于超越，其表现在科技论文写作上就是以严谨的治学态度专注科技前沿的重大问题，并力图有所突破。

（四）创新意识

通俗地讲，创新就是抛弃旧的，创造新的。在这"一新一旧"的转变过程中，自然会遇到各种各样的问题。问题意识在一定意义上反映出科技期刊作者对科学技术现状及其发展趋势的认识、判断和预见能力。这种能力的培养，实质上是从培养创新意识开始的。创新是一个民族进步的灵魂，是一个国家兴旺发达的不竭动力。面对日新月异的科学研究及其成果应用，一个有事业心和使命感的科技工作者，除了较好地完成分内工作之外，还要用发展的眼光注视科技前沿，站在学术高度对科技动向追根探源，力争在自己的专业领域实现新的突破，或在基础科学上有所发现，或在技术上有所发明，或在科技推广应用上有所建树。

创新意识主要体现在三个方面：（1）在工作实践中解放思想，拓宽知识视野，激发创新欲望，重视创新思维锻炼，不墨守成规，敢于挑战，大胆质疑，勇于创新；（2）从工作实际出发，围绕那些具有战略性、基础性、关键性作用且与本专业有关的重大科技问题，抓紧攻关，自主创新；（3）正确对待创新活动中出现的各种问题，不求全责备，不断把创新思维变成创新行为，把创新设想变成创新办法，尤其是对待一些棘手的具体问题，不用单向思维、单一模式、过往经验寻求解决方法，而是勇于尝试新的视角、新的途径、新的手段，以求问题解决效果最佳。创新，也是对科技论文写作的最基本要求；没有创新意识，也就无从产生有价值的科技论文。

（五）成就意识

成就意识是事业上取得的成绩在人脑中引起的反应，对科技期刊作者而言，就是立足本职岗位，以对工作兢兢业业、对事业执着追求为己任，凭借崇高信念、渊博学识以及脚踏实地的进取与持之以恒的努力，获取比其他同行更多的工作业绩和事业成就，从而达到塑造自身形象、提高个体知名度、实现人生价值的目的，以此获得一种长久的健康愉悦的心理优势。从科技期刊作者问题意识产生的根源来看，它在很大程度上源于其对成就的强烈渴望和追求。成就意识的强弱，决定了科技期刊作者对问题的敏感程度和探求程度。受成就意识的刺激和感召，科技期刊作者必然养成勤于思考、勇于实践的行为定势，一心扑在工作上，即使没有外界条件的压力，也能充分挖掘自身潜能，将干实事、求实效变成一种自觉行为。撰写并发表科技论文本身就是一种成就追求，它反过来刺激问题意识的形成。

三、问题意识对撰写科技论文的作用

科技论文是一种主要报道原始创新成果的文章样式，其写作不但需要科技期刊作者具有丰厚的知识积累和丰富的工作经验，而且需要科技期刊作者在工作实践当中善于提出或发现问题，即培养敏锐的问题意识。可见，问题意识是科技论文写作的重要前提和心理基础。不少刚参加工作不久的年轻作者有撰写科技论文的愿望，是值得鼓励的，但要写出高质量的科技论文难度较大，这是在因为实际业务工作中他们缺乏锻炼和积累，也缺乏对所从事的专业技术现状和发展趋势的足够认识和了解，就难以提出学术价值较高的问题。问题意识对科技论文的作用主要表现在三个方面。

（一）决定科技论文的选题

问题意识决定科技论文的选题质量。所谓科技论文选题，简而言之，就是指在特定问题所涉及的范围内，通过比较权衡之后，将某一问题或其侧面作为研究对象，进而确定为论文的论题（王银平，2002a）。选题得当，科技论文作者才能把握其研究领域和研究方向，克服写作中的种种障碍，顺利写成论文；选题不当，作者即使具有广博的科技知识和较为丰富的写作经验，因为对所研究的问题预先缺乏足够的思考和探索，甚至不熟悉，是难以写出高质量科技论文的。选题的过程就是考察、权衡问题的过程，问题意识淡薄，作者便无从考察、权衡。

（二）影响科技论文的学术质量

问题意识是使学术研究得以深入下去的心理动因，而科技论文写作又是建立在学术研究基础之上的。科技期刊作者问题意识较强，必然格外注重问题研究的深入性、问题分析的透彻性、结论的权威性、成果的创新性，并根据需要合理调动和使用所掌握的知识去分析问题、解决问题，在这种条件下写出的科技论文，其学术质量一般都较高；作者问题意识较弱，就不易触及到问题的实质，再加上其科技知识摄取范围较窄以及不重视写作经验积累，就很难在专业技术领域有所突破，因其学术研究深度不够，写出的科技论文的学术质量也不会太高。

（三）影响科技论文的写作规范与修改

对科技论文作者而言，科技论文写作最现实的目的就是将其发表在相关专业权威期刊上。在科技论文写作过程中，作者的思维活动、语言活动与研究活动都必须符合其科学性和规范性的要求。在科技论文写作实践中，解决好作者写作习惯与论文规范的冲突、口语转化为科技语言、兼顾科学研究成果介绍与科技信息传播两方面要求等问题，同样需要科技期刊作者有较强的问题意识。

问题意识对修改科技论文具有不可忽视的作用。科技论文的修改，是因为其中必然存在不符合科技论文要求或规范的技术问题和语言表达问题，围绕问题展开积极思考并对其相关内容进行补充、删减、更正和润色，本身就是对作者问题意识的检验。随着这些问题的合理解决，论文渐趋完善，进而确保其结构紧凑、层次分明、表述严谨准确、语言精练。

第三节　作者写作水平的影响因素及其提高途径

稿源是科技期刊得以生存和发展的基础，高质量的稿源来源于科技期刊的核心作者。关于作者在科技期刊中的作用已有诸多论述：如果期刊与作者形成一种良性互动关系，期刊必能办出特色、办出水平，成为同类刊物中的品牌（陈灿华，2004）；作者是决定期刊质量、影响期刊品位、左右期刊知名度的一种公共资源（王银平，2002b），编辑在办刊实践中应视作者为“上帝”（王银平，1999）。科技期刊对核心作者的学术跟踪和倾心关注，期望的是在第一时间获取作者的最新研究进展，争取其高质量学术论文的优先发表权。实践证明，只有那些高质量的论文才能引起读者的广泛关注，从而提高期刊的被引频次，提升期刊的影响力。然而，高质量的学术论文多出自知名专家或一流作者之手，在同类期刊稿源竞争日趋激烈的办刊形势下，科技期刊尤其是影响力有待提高的非知名品牌期刊，更要通过不断提高自家期刊作者群整体写作水平以达到提高论文优秀率的目的。

一、影响作者写作水平的因素

对某一科技期刊而言，作者是一个相对固定的群体，因其在学识涵养、知识积累、工作经历、个人兴趣爱好、创新思维能力等方面存在差异，其写作水平必然存在高低之分。在影响科技期刊作者写作水平的各种因素中，最直接、最重要的因素有四种。

（一）选题能力

选题能力是作者在科技论文酝酿与撰写过程中所表现出来的一种综合能力，也是作者创新意识、探索精神、思维敏感性的集中反映。为什么有的作者能够在科研或业务工作中不断发现有重大研究价值的选题，有的作者却难以发现有创新意义的选题而只能步人后尘、人云亦云呢？是作者个体之间的思维品质和创新能力存在差异所致。如面对同样的暴雨天气个例，该如何进行论文选题，作者是采取求异思维还是求同思维，这决定了论文选题的价值和质量。求异思维要求作者从此暴雨个例与以往众多暴雨个例的差异出发，揭示此暴雨个例在环流背景、影响系统、三维结构、物理成因等方面的特殊性，这样选题写出的论文无疑富有创新性；求同思维反映在论文中，则只是通过此暴雨个例验证前人在暴雨诸多研究领域的发现或结论，如此选题写出的论文必然无创新意义可言。可见，选题能力是对作者思维品质和创新能力最直接、最有效的检验。

（二）选材能力

撰写科技论文，当选题确定之后，就要在其主旨的指导下，考虑如何取得、收集、整理、使用资料，怎样安排层次结构，怎样使全篇构成严密、和谐、统一的整体。第一手试验资料和相关文献资料是科技论文写作的基础，合理应用这些资料则取决于作者的选材能力。选材能力包括对资料的取舍能力和加工能力两个方面。如对一次暴雨过程的降水实况，既可用文字资料表述，也可用雨量等值线图再现，还可以图（表）文并茂。如果使用雨量等值线图来反映，降水的范围、中心和强度便一目了然，比单纯用文字叙述简洁直观。再如，一般情况下，在对暴雨、冰雹、大风等强对流天气的某一物理量场作诊断分析时，多选取3幅不同时刻的图来反映强对流天气临近前、强烈发展中和结束时的物理量场，图少了不足以揭示强对流天气的变化特征，图太多了会使文字不精粹，又浪费版面。作者在科技论文写作中要做到选材得心应手，必须在资料的取舍和加工两个方面狠下功夫。

（三）分析能力

分析能力是作者在科学研究和科技论文写作中揭示客观事物或自然现象的本质特征、内在联系所表现出来的能力。分析的原则，一贵“新”，就是分析的方法新、角度新、结论新；二贵“深”，就是“透过现象揭示本质”，言人之未言，道人之未道，避免泛泛而论、不中要害；三贵“透”，主要指分析过程清晰、层次清楚、逻辑严密、论证透彻、环环相扣。例如，作者对一次暴雨过程发生发展动力机制的分析，首先，要正确选择分析的对象，即涡度、散度、锋生等物理量场；其次，要明确分析的目的，即通过涡度场了解暴雨区上空正、负涡度区的高度，再判断其是否有利于对流发展，通过散度场了解暴雨区上空辐合区、辐散区所在高度，进而通过其配置判断是否有利于强对流发生；第三，要确定分析的角度，即根据暴雨过程发生发展的时间演变，分别对不同层次的涡度场和散度场进行分析，由对流层低层到高层逐层分析。再如，在分析暴雨发生发展的水汽条件时，其中对水汽通量场的分析可从3个方面进行：一是指出水汽通道的路径、走向、形状；二是给出水汽通量大值中心的位置和量值；三是指出此次暴雨过程的水汽源地。作者分析能力的提高需要日积月累，一靠加强专业基础理论知识学习，二靠不断借鉴他人写作同类科技论文的各种分析方法，三靠在科技论文写作实践中大胆尝试、熟能生巧。

（四）表达能力

语言是科技论文的载体，科技论文通过语言表达来完成。语言表达能力是决定科技论文写作质量的重要方面，包括谋篇布局、结构安排和衔接照应。

谋篇布局是指根据论文的主旨和规模，谋划准备写几个部分，哪个部分先写，哪个部分后写，如何引出问题，怎样总结。对科技论文来说，在谋篇布局时，必须对引言、资料来源、研究方法、结果、讨论、结论、参考文献等部分进行科学组织、合理安排。

结构安排涉及科技论文的层次和段落。学术论文的层次大同小异，格式基本固定；层次安排应突出主题，顺序合理，避免交叉。段落是科技论文结构的基本构成单位。段落划分主要有三种方法，一是根据中心论题划分，即每一段落安排一个中心论题，该中心论题一旦表达清楚，此段落自然结束；二是按照项目或要素划分，对一个项目或要素的分析为一个段落，并在其段首标上序号，如对一次暴雨过程的水汽条件，可从比湿场、水汽通量场、水汽通量散度场等物理量场来分析，一种物理量场划分为一段；三是按照自然现象或客观事物的发展阶段划分，如天气过程的发生发展表现为明显的阶段性，在分析其环流背景以及卫星云图、雷达回波演变特征时，可根据其每一发展阶段划分为一个段落。

衔接照应是指科技论文层次之间、段落之间的连接与转换，以及内容前后的关照与呼应。衔接起承上启下的作用，科技论文的衔接靠过渡词（如综上所述、由此可见等）、过渡句、过渡段来实现。照应是增强科技论文可读性的一种表达方式，如“引言”中提出的问题，“结论”中要有着落；“讨论”涉及的内容，必须是“结果”中提到的。科技论文中常见的照应方式有三种：一是题名与内容照应；二是“摘要”“引言”与“结论”照应；三是正文部分中的前后照应，即论文内容的前后照应，如一篇有关暴雨中尺度分析的论文，若前面分析了地面中尺度雨团，后面在分析中尺度对流云团和中尺度回波团时必须与之照应，形成逻辑上彼此关联的完整文本。

二、作者提高科技论文写作水平的途径

上文论及的影响作者科技论文写作水平的四种因素，其实就是作者写好科技论文必须具备的四种能力，随着这四种能力的增强，作者科技论文的写作水平也会随之提高。问题是，作者怎样做才能在较短的时间内使得这四种能力不断增强呢？一个人写论文，从想写到能写、从爱写到会写，需要一个持之以恒的学习、模仿、借鉴、提升的心理准备和技术准备的过程。

（一）心理准备

所谓心理准备，即主观意愿，就是作者主观上要有将科技论文写好的强烈愿望和为写好科技论文不辞辛劳、不计得失、甘愿付出的奉献精神。

至于如何做好科技论文写作的心理准备，没有统一的流程和现成的做法，但作者至少可从五种意识的建立做起。一是自觉意识，即作者写论文纯粹出于一种自我责任感、好奇心和探索欲，并非外界或环境压力所迫而为之；整个写作过程，不以为苦，乐在其中。二是创新意识，即作者在科学研究和论文写作过程中，不满足已有认识而不断追求新知；潜意识里，有一种“到人之未到，言人之未言”的观念和雄心。三是项目意识，要求作者充分利用开展科研项目的有利条件撰写并发表科技论文。有条件、有能力的科技人员，不应错过任何机会，积极争取（申报）科技项目；申报项目暂时有困难的科技人员（尤其是年轻人），应想方设法参加他人主持的科研项目。四是读者意识，要求作者在写论文时，将读者（同行）或社会需要放在首位，少点功利心，多点利他心，正确看待论文发表后的名与利，避免“为写而写”“为发表而发表”。五是规范意识，即作者在写作论文的

过程中按照相关标准和格式对研究结果或思维成果采用规范的语言文字进行组织的观念和愿望。科技论文的规范包括形式规范和内容规范两个方面。形式规范是对科技论文确保结构要素齐全、顺序合理的基本要求,其结构要素包括题名、署名、摘要、关键词、引言、资料与方法、结果与分析、结论、参考文献等;内容规范是指科技论文各结构要素的写作以及量与单位、数理公式、图表等的使用应符合期刊相应的要求。

(二)技术准备

所谓技术准备,即客观努力,就是作者平时要通过不断的学习与实践来提高自身的科研能力(即选题能力、选材能力、分析能力)和写作能力(即语言文字组织与表达能力)。写好科技论文要求作者所做的技术准备涉及面更广,主要包括以下几个方面。

1. 立足岗位抓选题

科技论文写作,必先解决"写什么"的问题,也就是要找到可以写成论文的题目。无论作者从事的是科研工作还是业务工作,随工作年限的增长,科技论文选题都应着眼于自己最熟悉、平常思考最多、钻研最深、同行最困惑又最需要解决的问题。为此,作者一要热爱本职工作,干一行爱一行,不甘平庸,积极进取,努力做出成绩;二要勤做工作笔记,对平常工作中遇到的技术问题及其思考结果和解决办法记录下来,不拘形式,日积月累,以备后用;三是碰到技术难题,不回避,不放弃,在找寻答案的过程中,与其百思不得其解,还不如虚心向身边的专家请教,必然获得事半功倍的效果。总之,立足所从事的工作岗位抓选题,是最实用、最有效、最便捷的一条选题途径,因为处于工作第一线,经常可以在第一时间发现工作中存在的问题或难题。

2. 着眼选题读文献

找到了可以写成论文的题目即选题,未必可以顺利地将论文写出来。为了确保论文写作能够如期并高质量完成,作者应当围绕选题,多读文献,尤其是多读别人的论文。多读别人的论文,一方面可以了解业内同行对这一研究专题(即选题)的关注、思考和研究重点,以便将自己的论文写出新意;另一方面可以借鉴别人的研究思路和写作方法,将自己的论文写得结构严整、层次分明、条理清楚、符合规范。希望提高科技论文写作水平的作者,都知道平常要多读别人的论文,但并非人人都明白为什么读、读什么、怎么读,尤其是怎么读。为了通过多读而真正对自己写好科技论文有所裨益,一要勤读,读多了,自然会读出兴趣、读出共鸣、读出感悟;二要善读,提倡字斟句酌式的完整阅读,避免蜻蜓点水式的跳跃阅读;三要乐读,也就是发自内心的快乐阅读,上升到最高的阅读境界,即从浏览到赏析,为作者高屋建瓴的学术思想所震撼,为作者鞭辟入里的分析推演所折服,为作者缜密严谨的语言表达所着迷。

3. 夯实基础听讲座

很多科研和业务单位,每年都会邀请一些专家学者到本单位作学术报告或专题讲座。作者要想提高科技论文写作水平,这是非常难得的学习机会,应当不可错过、倍加珍惜。对送上门来的"老师"的讲座,要认真听,并随着"老师"的讲解思路思考问题、做好笔记。

这样的讲座,主办单位一般都会安排一定的时间用来提问、交流、互动,在此环节,作者要积极争取提问,虚心请教,与之面对面讨论,以此夯实自己的学术研究基础。

有的科研和业务单位,也会不定期邀请国内相关学术期刊的编辑前来讲授科技论文写作知识与投稿事宜,编辑以讲座方式向科技人员讲述有关科技论文写作知识,对作者科技论文写作水平的提高无疑会有帮助,因为对科技论文的特点、结构方法、写作规范等知识,不是所有科技人员都清楚。科技论文虽在内容具体构成要素(如论点、论据等)和结构方式(如并列式、递进式、并列递进式)以及论证推理方法(如归纳法、演绎法等)上与一般论文有相似之处,但也具有其自身的鲜明特点(姜艳秋,1999)。作者如果对这些特点不清楚,既影响论文写作质量,也影响论文写作效率。所以,听编辑讲座,一些作者可以弥补科技论文写作知识的欠缺,了解写作规范,增强写作信心和技能,夯实自己的论文写作基础。

4. 寻求帮助搭平台

确有部分科技人员的专业知识、业务能力和科研能力都不够强,不擅长撰写科技论文,这些作者特别希望得到他人的耐心指导和帮助。随着计算机信息网络技术和通讯技术的快速发展,作者与上级单位或外地同行专家、期刊编辑等的交流越来越便利和快捷,这为作者搭建网上交流平台提供了技术保障。作者可以尝试申请将有共同研究方向或兴趣的同行以及乐意帮助自己提高科技论文写作水平的上级部门的专家、期刊编辑加为微信或 QQ 好友,甚至可以建立专业研究或科技论文写作交流微信群或 QQ 群,一旦想要了解某方面的学术信息和研究动态,或课题研究进展不顺,或遇到有关科技论文写作中的理论与实践问题等,都可以通过微信或 QQ 好友(群)寻求帮助解决。

5. 不失时机去参会

科研和业务单位的作者,可通过参加学术研讨会来检验自己的科研能力和科技论文写作水平。平时,作者应多关注相关学术研讨会议(或年会)召开信息、积极投稿并争取与会。各类学术会议的与会者中,不仅有该学科领域的知名专家、学者,也有崭露头角的年轻作者,还有珍惜学习机会、渴望实地取经的普通作者。作者参加此类学术会议,学习固然是主要目的,附带还可充实自身的专业知识、掌握学术动态、直接与专家接触和面对面交流。所以,对自己感兴趣或对自己有帮助的学术会议,作者只要抽得出时间,都不宜错过,还要尽可能在学术会议上作报告或宣读自己撰写的论文,认真听取与会专家或同行对自己论文实事求是的评价和提出的针对性修改意见,这对提高自己的科技论文写作水平具有十分明显的指导作用。

第四节　作者稿件自审的必要性与实践性

《暴雨灾害》成为"中国科技核心期刊"之后,来稿数量大增,而来稿质量参差不齐，不少稿件问题较多，如将工作总结作为学术论文投稿、论文结构要素不全、资料与方法交待不清、图表不具自明性、语言晦涩难懂、参考文献著录项目残缺等，这给编辑初审工作增加了很大难度。为了保证来稿规范和质量，科技学术期刊通常都会在《征稿简则》《投稿指南》《作者须知》或《稿约》等中写明投稿要求，有的还会提供投稿模板，以此来规范作者投稿。无论是投稿要求还是投稿模板，往往囿于简单和粗略，其指导性和可操作性较差，效果不尽如人意。面对那些存在诸多问题的稿件（以下简称问题稿），《暴雨灾害》的做法是，返回问题稿，让作者自审自修后再投。

一、稿件作者自审的原因与依据

编辑初审是科技学术期刊三级审稿流程的第一级，也是编辑同人关注、探讨较多的学术研究热点之一。已有研究对初审环节编辑审什么、怎么审做了较多颇有见地的专题探讨（何洪英等，2007；赵茜，2007；朱大明，2007b；李军纪和姚密红，2008；王晓梅等，2009；王银平，2017），但面对那些夹生半熟、漏洞较多的问题稿，即使是阅稿无数的资深编辑，也会感到棘手甚至无所适从、左右为难。如果一退了之，当然省事，但可能埋没一些尚有新意并能修改好的稿件；如果直接拿来初审，编辑就得花费大量时间和精力，也许最终因其质量原因而无奈退稿，这种"无效劳动"无疑会让编辑感到心情沮丧，久而久之，还会使编辑产生职业倦怠。为了既避免编辑初审的"无效劳动"而又最大限度挽救那些尚有新意并能修改好的问题稿，稿件作者自审作为编辑初审的补充和延续，不失为一种行之有效的举措。

所谓"稿件作者自审"，是指作者根据编辑提供的《作者自审报告单》中的相关要求或各种问题逐一对问题稿进行自审自修的过程。作者对问题稿按照《作者自审报告单》进行自审自修，《作者自审报告单》的设计依据的是与科技期刊出版、编校标准化关系密切的常用国家标准、行业标准及规范，如《科技技术报告、学位论文和学术论文的编写格式》（GB/T 7713—1987）、《文摘编写规则》（GB/T 6447—1986）、《科技报告编写规则》（GB/T 7713.3—2014）、《信息与文献参考文献著录规则》（GB/T 7714—2015）等。

二、作者自审报告单的形式与内容设计

按照科技论文的构成框架，《作者自审报告单》设计为一个表格：表头包括稿件编号、论文题名、作者姓名和单位、收稿日期和要求修回日期等信息；表身包括论文约定部分、相关部分、其他部分，具体要求以提问形式给出，同时为作者设定三个选项（是、否、不确定），供作者自审自修后"打钩"。下文以《〈暴雨灾害〉作者自审报告单》（以下简称《报告单》）为例，主要就表身的内容设计分述如下。

（一）约定部分的设计

约定部分是以"稿约"中对科技论文不可或缺的约定要素的有序组合，该部分是

《报告单》的主体部分，分为科技论文的前置部分与正文部分。

1. 前置部分

前置部分包括题名、署名、作者单位、摘要、关键词等要素，根据问题稿中各要素带共性的问题，《报告单》中仅对论文题名、作者署名、摘要和关键词提出自审要求(图 3.1)。

前置部分	论文题名	是否准确、严谨并能统领全文？	是[ ]否[ ]不确定[ ]
	作者署名	是否符合实际？若有领导、导师或知名专家署名，投稿前，是否呈其审阅？	是[ ]否[ ]不确定[ ]
	摘要	1)您是严格按"四要素法"写的摘要吗？即：使用…资料，采取…研究方法，对…(什么问题)进行了分析。结果表明，…(罗列几点重要结论)。2)"摘要"是否与正文内容以及文后"结论"吻合？	是[ ]否[ ]不确定[ ]
	关键词	关键词是对揭示和描述论文主题来说重要的、带关键性的(可作为检索"入口"的)那些语词，以 3～8 条为宜。您是这样挑选的关键词吗？	是[ ]否[ ]不确定[ ]

图 3.1 《〈暴雨灾害〉作者自审报告单》前置部分的内容设计

对前置部分内容设计说明如下：(1) 科技论文题名虽然只设计了一个问题，但基于科技论文的题名是以恰当、简明的词语反映文献中最重要特定内容的逻辑组合，它除具有方便检索的作用外，还把论文的主题明白无误地告诉读者(吴红光和陈道斌，2003)，实则提出三个要求，即一要准确，二要严谨，三要能统领全文；(2) 作者署名一般不会出现大的原则问题，但当署名涉及到有关领导、导师或知名学者时，有必要提醒作者谨慎行事；(3) 摘要有报道性摘要、指示性摘要和报道-指示性摘要 3 类，因为《暴雨灾害》来稿绝大多数属于试验研究型论文，所以《报告单》中只对报道性摘要写作提出要求；(4) 关键词在科技论文中所占分量较小，其写作技术难度不大，《报告单》中仅对什么语词可作为关键词以及关键词个数提出要求。

2. 正文部分

科技论文的正文部分包括引言、资料与方法、结果与分析、结论、参考文献，其涉及内容多、逻辑关系复杂、写作要求高，作者驾驭把控难度大，问题稿中出现的问题也主要集中在这一部分。考虑到科技论文的篇章结构越来越模块化，在设计正文部分的自审内容时，主要基于以下三点：(1) 让作者懂得撰写科学论文应遵循科学的逻辑思路，即为什么研究(对应"引言")、如何研究(对应"资料与方法")、研究出了什么结果及其意义何在(对应"结果与分析")、主要结论是什么(对应"结论")；(2) 按照"分列要求＋归总提问"的设计方式，先提纲挈领归纳正文部分各要素的写作要点，再向作者提出是否按此要求进行写作；(3) 力求使各项要求具体、明了、易操作，供作者依照要求对问题稿进行查漏补缺、优化调整。《报告单》中正文部分作者自审内容设计见图 3.2。

正文部分	引言	引言中应依次讲清楚三个问题：1）开展本研究的理由；2）本研究领域前人都做了哪些研究，这些研究未涉及或较少考虑哪些方面、存在什么不足，并对相关重要文献略作评述；3）作者的研究与前人同类研究相比有何不同，本研究用的什么资料和什么方法，希望达到什么预期目的。您这篇论文的引言是这么写的吗？	是[ ]否[ ]不确定[ ]
	资料与方法	资料与方法最好单独作为一节。资料：1）详细交待本研究使用了哪些资料，不能一笔带过；2）这些资料分别从何而来；3）指出资料年限；4）必要说明，如有关定义、统计标准、判据处理、物理诊断量等。方法：详细介绍对"引言"中提出的问题的研究采用了哪些方法。您的论文中，资料与方法是否交待清楚？	是[ ]否[ ]不确定[ ]
	结果与分析	1）说明分析某一要素或条件的理由；2）给出研究结果，最好用图表反映；3）对图表反映的事实或现象进行科学分析，并凝练相关结论；4）尽量将得到的结论与以往同类研究的结论进行异同比较。您是否遵循上述逻辑步骤写作的"结果与分析"？	是[ ]否[ ]不确定[ ]
	结论	此节分"结论"与"讨论"两部分，前者只需从正文中提炼出几条重要结论顺序罗列，即从多个侧面回答引言中提出的问题，正文中未涉及内容不能写进结论。每条"结论"均应精炼、高度概括。"讨论"写作，重在说明本研究还存在哪些不足，其原因何在，今后如何解决。您是这么写的吗？	是[ ]否[ ]不确定[ ]
	参考文献	1）学术论文的参考文献引用量在15篇以上，您的论文达到了吗？2）尽量引近几年《气象学报》《大气科学》《气象》《暴雨灾害》等核心期刊上的相关文献，您是这么做的吗？3）文献要素著录是否齐全？您对各条文献的作者姓名、论文题名、发表刊物、年份、卷（期）号、页码等，是否核实过？4）所引文献，一定要在正文中相应位置标注（具体标注方法参见本刊网站下载中心栏《〈暴雨灾害〉参考文献引用和著录格式》），非正规出版物，如内刊、单位自编文集或材料等，不能作为参考文献，您做到了吗？5）参考文献中作者姓名标注统一为"姓前名后"，外文文献也如此，您提供的文献是这样的吗？	是[ ]否[ ]不确定[ ]

图3.2　《〈暴雨灾害〉作者自审报告单》正文部分的内容设计

需要指出的是，《报告单》中对正文部分"参考文献"的自审，没有按照"分列要求＋归总提问"的方式来设计，而是随各项要求给出即时提问，尽管参考文献是学术论文的重要组成部分，但问题稿中出现的与参考文献有关的问题更多是如何解读和执行好著录规则的问题，一般不存在技术问题和逻辑问题，所以《报告单》中仅罗列了《暴雨灾害》来稿中参考文献著录出现较多的5个突出问题，这些问题并不复杂，作者在稿件自审自修过程中既不难理解，也不难处理，只需作者足够重视和细心就能处理好。

（二）相关部分的设计

相关部分是与科技论文的完整性、条理性、规范性、美观性等要求密切相关的内容。针对科技论文层次结构谨严以及图表、专业术语、数理公式使用较多的特点,《报告单》中分别对其设计了不同问题(图 3.3)。值得一提的是,基于科技论文中表格和插图的广泛而大量使用以及有的作者对图表的制作和使用不够重视,造成来稿中常常出现插图和(或)表格制作不规范、不完美,使用不恰当或不正确等问题,《报告单》中从形式规范和内容正确两方面对图表作者自审有针对性地提出了 4 条要求。

相关部分	层次结构	是否合理?全文各节内容之间是否存在有机联系?	是[ ]否[ ]不确定[ ]
	数理公式	是否无误?如果是引用他人的,是否给出出处(参考文献)?	是[ ]否[ ]不确定[ ]
	图表	1)插图不超过 8 幅,附表尽量制成三线表;2)插图(含计算机绘图和照片)宽度一般不超过 12cm,线条均匀,尽量提供黑白图(无底纹);3)图、表中的量和单位用"/"隔开,物理量用斜体,并注明图(表)号、图(表)题、图(表)注等;4)图制好后,打印看效果,效果不好,要尽量调修。您论文中的图表是这样的吗?	是[ ]否[ ]不确定[ ]
	术语	术语、缩略词、符号等,首次用到时,是否标明出处并注释或给出全称?	是[ ]否[ ]不确定[ ]

图 3.3 《〈暴雨灾害〉作者自审报告单》相关部分的内容设计

(三)其他部分的设计

其他部分是仅对稿件作者自审具有提示或提醒作用的相关内容,《报告单》中分别对创新性、可读性、认同性与学术不端设计了不同问题(图 3.4)。如有关涉及创新性和可读性的问题,这是编辑在平常稿件初审环节最关注也最劳心费神的问题,但不少作者在投稿前并没有认识到有无创新性之于科技论文最终能否发表的重要性,也有作者重"理"轻"文",不太注意语言文字表达,投来的稿件中较逻辑较混乱、错别字或语病较多,因此《报告单》中对其问题做了专门设计,虽然设计简洁明了,但对作者自审而言,既是建议,也是要求。再如认同性问题的设计,目的是希望作者经自审自修后的再投稿比之前的问题稿尽可能完善,让作者将再投稿请求身边擅长论文写作的同事(或专家)进行专业辅导或把关很有必要。

其他部分	创新性	有无创新性是衡量科技论文是否具有发表价值的重要标准,好论文一定有新意,哪怕一点点。您觉得您论文有新意吗?	是[ ]否[ ]不确定[ ]
	可读性	论文发表出来是给别人看的,您论文是否流畅达意,可否保证同行读者能看懂?	是[ ]否[ ]不确定[ ] 是[ ]否[ ]有确定[ ]
	认同性	论文写好后,您是否给本单位熟悉论文写作的同事(或专家)看过?同事是否提出修改意见?您是否采纳了同事的意见?	是[ ]否[ ]不确定[ ]
	学术不端	1)数据有无不实?2)是否存在抄袭?3)是否一稿多投?	是[ ]否[ ]不确定[ ]

图 3.4 《〈暴雨灾害〉作者自审报告单》其他部分的内容设计

三、作者自审建议函的写法

《报告单》其实是完整的一览表，在提请作者对问题稿进行自审自修的实际应用中，此表是作为附件随作者自审建议函发给作者的。至于建议函写什么、如何写，除了对作者投稿表达谢意之外，还要说明建议作者自审自修的原因，同时考虑到有的作者出于各种情况可能不接受自审，应允许作者撤稿或转投他刊。如，我写给一位作者的自审建议函："×××，你好！感谢你对《暴雨灾害》的信任与支持。来稿本刊编辑已收阅。作为技术总结，该稿写的还算不错，但作为学术论文，行文不规范，质量不高。《暴雨灾害》一般只发学术论文，至于学术论文如何写，绝非三言两语能表述清楚。本刊将《〈暴雨灾害〉作者自审报告单》发给你（见附件），建议你对照其中的各项要求对稿件进行全面检查。如果你想继续投稿，希望你尽量按照《报告单》上的要求对稿件进行细致修改，修改好之后，将其返回本刊编辑部再审。如果你觉得修改难度太大或别的原因，也可直接将此稿转投他刊。"建议函虽然篇幅不长、格式简单，但写法上并非一成不变，要因稿因人制宜。

四、稿件作者自审方法的正效应与适用性

需要指出的是，出于版面上的考虑，上述各表（图3.1～图3.4）是人为拆分后逐一加以分析的；但在实际应用中，应将其作为一个表来使用。其他刊物在借鉴使用此表时，可根据刊物所属学科、专业特点及突出刊物特色的需要进行适当细化或精简，如完善表格设计、酌情增删表格项目和内容等。

多年的稿件作者自审实践表明，这项工作不仅减轻了编辑初审的工作量，而且作者自审自修后的再投稿其文本格式和内在质量确有一定程度的改观。具体而言，这项工作产生的正效应包括：(1)节省了编辑用于初审的时间和精力，初审工作效率明显提高；(2)激发了部分作者的投稿热情；(3)融洽了编辑与作者关系，避免了双方在稿件问题上可能因意见分歧而产生无谓的争论和冲突；(4)让不少初涉科技论文写作的专业技术人员跃跃欲试；(5)后续来稿的规范化、标准化程度与内在质量有所提高。

此外，编辑初审的目的是确保期刊正常出版，只有在满足论文刊发数量的基础上，才能考虑论文的学术水平（王萍等，2011）。所以，稿件初审环节允许有一定的淘汰率，尤其是对问题稿，未必每篇都要使用稿件作者自审方法，这取决于各刊定位以及对论文的取舍尺度。

第四章 气象科技期刊编辑因素分析

作为气象科技期刊出版工作最直接的操作者和最重要的实施主体，编辑在进一步增强期刊学术质量、展示期刊内在价值与阅读品位、发挥期刊对科研与业务的指导作用等方面要有担当和突出表现；编辑要想在科技期刊出版业务岗位上有所担当和突出表现，就必须科学认识科技期刊发展规律、了解科技信息传播特点、掌握科技论文鉴识方法、熟悉稿件处理流程以及努力赢得作者对自己的认同度、信任度和欣赏度，从而实现自己的人生价值。但编辑人生价值实现的前提是要有对编辑职业与行为理性而清醒的自我认知，如怎样激发编辑个体的能动作用、如何凝聚编辑群体效应、怎样塑造编辑自我良好形象、何以形成青年编辑风格、如何直面中年编辑心理懈怠等，要认清这些问题，就有必要对与编辑相关的若干因素进行分析。

第一节 编辑个体在办刊中的能动作用

一个时期以来，气象部门对气象科技期刊编辑角色认定的模糊性和片面性，致使绝大多数编辑在实际工作中都习惯了“为人作嫁”“甘当人梯”，即使是一些卓有建树的学者型编辑，也乐于以“幕后英雄”自喻。在这种思维定式和职业认知的影响下，绝大多数编辑个体无形中认同了自己按部就班、默默无闻的被动式职业生涯，气象科技期刊编辑专业化、学者化之路任重道远。事实上，科技期刊编辑的潜能非常之大，应当在编辑业务岗位和自我发展上有更大的作为。已有实践证明，编辑至少可以在出谋划策、稿件评审、凝聚合力、扩大宣传等方面发挥自己的能动作用。

一、参谋作用

编辑的职业特性决定了编辑要与作者和读者建立广泛的联系。随着这种联系的不断加强，编辑对有关作者的基本情况，如研究方向、学术水平、写作能力、论文特色等的了解会更加深入，同时对读者需求以及读者群构成的了解也会更全面。因此，编辑有责任和义务及时向期刊主编（管理者或决策者）反馈来自作者和读者方面的信息，并对此作出分析判断，再提出建议供主编参考，为主编不断调整办刊思路、制订刊物发展规划出谋划策。

期刊主编要求所有编辑人员在一定时间内贯彻其编辑意图是必要的，但从期刊长远发展来看，主编意图不是一成不变的，也不应该成为主编的个人行为，它有待全体编辑人员共同予以完善。显然，编辑的参谋意见无疑是主编意图形成和完善的重要依据之一。编辑的参谋形式多种多样：一是随时随地的口头信息传递，尤其是对主编长期悬而未决的具体问题，某一编辑可能会突发灵感，想到了解决办法，就要及时汇报；二是定期或不定期向主编提交阶段性工作小结，小结的内容越具体越好、越简洁越好，使之尽量对主编决策有较高的参考价值；三是适时召开有主编参加的办刊问题研讨会，每次研讨会确定一个主题，让编辑畅所欲言、献计献策。

编辑的参谋作用得以发挥是有条件的。一方面，每个编辑都要有“期刊兴衰，我也有责”的使命感，且自觉自愿为主编当参谋；另一方面，主编要有群策群力、广开言路的办刊思想，切实尊重编辑的建议权和发言权，对其行之有效的参谋方案要及时采纳，并尽可能付诸实施。

二、策划作用

策划，作为编辑创新意识的一种客观体现，近年来越来越受到广大科技期刊编辑的重视。编辑通过有意识、有目的、有针对性的策划，无疑能够达到选题新、编校质量高、排版形式美、出版效益佳的编辑目的。

编辑的策划作用贯穿于整个办刊过程，如确立选题、联络作者、设计版式以及收集并分析作者的反馈信息等工作，都需要编辑充分发挥策划作用。目前，稿源和作者（或读者）评价是科技期刊编辑最为关心的问题之一，编辑在取舍稿件之时，拥有的好稿越多，其选择余地就越大。但好稿不可能从天而降，这里便涉及到一个策划与不策划的问题。如果不讲策划，被动地等稿上门，然后从中择其优者而用之，久而久之编辑就会形成封闭性、程式化的工作习惯，不思创新，不求拓展，以致期刊作者面渐趋狭窄，稿源日益匾乏；同时，读者也会因总是面对为数不多的熟悉的作者论文而对期刊逐渐失去信心和兴趣。如果讲究策划，积极思考，编辑就会自然进入一种思维的亢奋状态，从而激发出持续的创新欲。显然，这种追求欲望是拓宽稿源和吸引读者眼球的动力之一。

编辑工作是一种弹性很大的智力支出，编辑个体所能发挥出来的策划作用与其强烈的敬业精神、敏锐而富于创造的思维以及较强的社会活动能力有关。值得注意的是，编辑在选题上的策划作用越来越大，随着科技期刊编辑责任制的建立和落实，编辑通过广泛地与各地、各领域、各专业作者的接触，获得相关科研动态和学术信息，进而创意、设计和制定选题，甚至可以在一定程度上引导科研和学术的发展趋势。

三、审稿作用

当前，绝大多数科技期刊用稿实行的都是三审制，即编辑初审、专家外审与主编

(或编委会)终审。其中,专家审稿意见是稿件能否刊用的重要依据。事实上,专家审过的大多数稿件还远达不到送主编终审的要求,稿件的后处理还得由编辑把关。换句话说,编辑修改、加工、规范稿件应是审稿的延续。

应当承认,编辑总体上在专业学术水平上不如作者,也不如专家。编辑之所以能够在审稿中发挥作用:一是编辑的职业属性起了决定作用,编辑职责要求编辑应对稿件从多方面、多层次、多角度进行综合鉴审,如从题名、摘要、资料来源、研究方法、层次结构安排、图表设置、逻辑论证、语言表达甚至标点符号等方面进行学术鉴审;二是编辑应用自身所学专业基础知识,对一些常识性的错误或编辑所熟悉的专业方面的错误,一般还是容易发现的,尽管不一定能发现稿件中隐藏的专业错误;三是应用编辑学方法进行审稿,编辑虽然不可能精通各种学科所有专业,但可以借助有关科学方法弥补专业知识的不足而起到审稿作用。

四、协调作用

协调作用是编辑协作精神的一种外在体现,发挥得好,对期刊的生存与发展都将带来积极影响。科技期刊编辑的协调作用可以从两方面来发挥:一是内部协调作用,它表现为编辑与主编、编辑与编辑之间的协调;二是外部协调作用,表现为编辑与作者、读者之间的协调。编辑工作自始至终需要相互配合与协作,从选题、组稿、编辑加工、校对、发行等办刊的各个环节来看,都需要主编与全体编辑人员共同策划、共同完成。显然,科技期刊质量的提高和效益的增强,不是主编一人的责任,编辑人人有责。另外,由于编辑与作者、读者有更多的接触,往往在办刊中某一具体问题的处理上更有发言权,其创意、策划更有针对性。所以,编辑要主动对主编负责,并协调好与主编的关系,从科技期刊的整体利益出发,为主编提供理想的创意和策划。与此同时,在办刊过程中,编辑各有所长,完全可以通过优势互补而营造一种相互讨论、相互切磋、共同进步的氛围。这种氛围的形成需要编辑具有协调作用,也只有在这种协调作用下,每个编辑的聪明才智才能得以充分发挥。

编辑工作从表面上看是同稿件打交道,而稿件有赖于各地各行业各部门的作者提供,期刊也有赖于广大读者认可。所以,更准确地说,编辑在工作中无时无刻不在同人打交道。这就要求编辑不仅要精于稿件处理,更要善于处理各种人际关系。编辑在办刊过程中必须通过充分发挥协调作用去获得高质量的稿件和读者的信赖。

五、宣传作用

随着科技期刊出版业逐步走向市场,同类期刊之间的竞争将日趋激烈。科技期刊只有遵循市场规律,才能求生存、谋发展,这不仅要求科技期刊编辑牢固树立精品意识、不断优化选题、进一步提高编校质量和始终不渝地追求期刊特色,还要有品牌意识，重视对科技期刊的宣传，并使之不断提高影响力和显示度，从而扩大期刊的社会影响和提高期刊的知名度。编辑必须尽快跳出传统的、封闭的办刊模式，抓住一切有利时机，将期刊推向社会。编辑还要不失时机地对自家期刊进行广泛宣传，以期让更多的人了解办刊宗旨、选题范围、报道重点以及期刊风格和特色等信息。

编辑可以通过各种途径发挥宣传作用。第一，利用自身语言文字驾驭能力较强的优势，撰写各类宣传文章，有针对性地投稿，为宣传自家期刊大造舆论。第二，撰写并发表有关学术论文。目前，众多学术期刊在刊发论文时都附有作者简历及其单位、地址等内容，这实际上无形中给期刊做了一次不花钱的“广告”。第三，积极参与期刊主管部门或编辑学会、研究会组织召开的学术研讨会。通过参加这类会议，编辑在学习兄弟期刊办刊经验的同时，还可向其他期刊编辑宣传自己的期刊。第四，积极参加期刊评比活动。参加评刊，不仅是为了获奖，更重要的是为了向上级主管部门或评委们宣传期刊，如果自家期刊编辑部能被评为先进集体或能推出先进个人，其宣传效果是可想而知的。第五，利用新媒体展开全方位、多形态、数字化宣传。重点依托搭建的科技期刊微信公众号平台，紧紧围绕期刊载文本身做好栏目设置，对以往刊发的优秀论文和最新一刊发的重点、热点论文进行介绍和宣传，及时向期刊作者群、读者群、审稿专家以及关心支持期刊编辑出版与发展的相关人员提供信息资讯和服务，实现科技期刊多级传播与精准推送，从而发挥新媒体数字化宣传的巨大优势和作用。

第二节 编辑群体效应的作用与发挥

在气象科技期刊编辑个体的政治素养、专业水平、编排技艺、市场开拓能力等素质日益加强的同时，对如何最大限度地发挥编辑群体效应，气象科技期刊管理决策者应予以高度重视。所谓群体效应，是指科技期刊社或编辑部及其主办单位（以下简称编辑部）每个成员出于对共同目标和共同事业的追求，在编辑活动中所表现出来的崇高的合作精神与强大的工作动力。所以，深刻认识编辑部编辑群体效应的作用，研究编辑部编辑群体效应如何充分发挥的对策，是摆在气象科技期刊管理决策者面前的一项重要课题。

一、编辑群体意识的觉醒与培育

当前，不少编辑部对群体效应不够重视。究其原因，主要是寄希望于编辑个体素质的增强来促进群体效应自然形成。由于长期以来我国实行计划体制，不少编辑部的运行至今仍墨守计划体制下管理模式的成规，以致经济拮据，经费入不敷出；工作时值不足，编校质量低下；编辑队伍不稳，人心浮动；刊物与社会需求结合不够，影响力偏低；管理体制滞后，运行状况不佳（余效诚，2001）。这些编辑部要想摆脱困境，不可能靠一两个业务骨干就能彻底解决。随着科技期刊编辑出版过程流程化、一体化，编辑、送审、排版、校对、装帧设计以及营销发行等工作以往由不同编辑人员独立分散承担，现在多通过安装的稿件远程采编系统集体协作完成，这使得编辑出版的内部分工淡化。这种趋势客观上要求编辑部必须更加注重编辑个体的团结协作。

群体效应的形成，有赖于编辑个体群体意识的觉醒。只有当编辑部所有编辑个体认识到群体效应关系科技期刊兴衰荣辱之后，才能在编辑实践中以科技期刊为重，将人生理想、个体价值与事业追求转化为步调一致的自觉行动。同时，编辑群体意识的觉醒也为群体效应的培育奠定了思想基础，因为群体效应的培育须建立在编辑个体对群体效应的共识上。这样的共识，包括个人理想追求与编辑部总体目标的一致、个人存在价值体现与科技期刊发展壮大的一致、个人工作业绩与对科技期刊贡献的一致。编辑个体的努力和付出都应围绕编辑部总体目标进行，这是群体效应产生的根本保证。编辑群体效应的培育是长期的、艰巨的。

二、编辑群体效应的作用

（一）凝聚人心

任何科技期刊，要办成精品、办出特色，除了需要个别政治素质高、业务能力强、懂市场经营管理的复合型人才之外，更需要依靠编辑群体的智慧、力量和创造热情。群体效应不明显的编辑部，容易滋生人心涣散、各自为政、相互推卸责任的不和谐风气；而重视培育群体效应的编辑部，必然注重编辑个体合理搭配和群体意识宣传，促使编辑个体取长补短，自觉履行岗位职责，将个人荣誉与工作业绩有机结合起来，做到彼此激励、相互促进，在单位内部形成强大的合力和向心力，从而达到凝聚人心的客观效果。

（二）提高整体工作效率

当今科技期刊出版运作方式已经发生较大变化。其变化主要表现在，期刊出版越来越依赖于集体智慧，责任更明确，分工更细致，任务更具体。在编辑出版与发行过程中，除了需要策划编辑、文字编辑、美术编辑的参与之外，还需要电脑设计人员、广告营销人员的通力协作。无论是参与者还是协作者，只要身处群体效应显著的编辑部，受融洽的人际关系与团结向上风气的感染，就能与单位其他人员一道热心工作、积极奉献，编辑部整体工作效率必然随之提高。

（三）促使期刊质量稳步上升

期刊质量是科技期刊生存与发展的基础，是立业之本，是科技期刊在同业竞争中立于不败之地的根本保证。期刊质量的高低取决于组织和参与办刊的所有个体的素质和技能，任一出版环节上的责任人员的麻痹大意和漫不经心，都必然会影响到期刊的整体质量。如果编辑部群体效应明显，就能保证质量链条不断裂，使出版环节中每个责任人员都能尽职尽责、全力以赴、相互督促，充分发挥自身潜能，牢固树立质量意识，促使期刊质量稳步提升。

三、充分发挥群体效应的若干措施

（一）营造氛围

当前，良好的外部出版环境为编辑个体提供了施展才能、实现抱负和自我人生价值的大好机遇。要使编辑个体抓住机遇成就一番事业，编辑部应当为他们营造良好的、宽松的工作环境，把不同的编辑个体凝聚在一起，发挥每个编辑的长处，鼓励和指导其形成不同的风格和不同的发展方向，做到人尽其才。只有这样，才能带出一支精干高效的编辑队伍，发挥各自的专业优势，争创整体效益（肖兰，2001）。

编辑群体效应的充分发挥，关键在氛围。氛围的营造，要求编辑部决策者必须站在尊重知识、尊重人才、尊重个性的高度，认识良好氛围对吸引和凝聚优秀编辑人才的重要意义。只有如此，才能随时掌握编辑个体的思想状况和情绪变化，创造有利于编辑个体走向成功的良好工作环境和生活环境，鼓励编辑个体钻研业务、探讨学术问题，在实践中锻炼成长，努力为编辑个体提供大显身手的"舞台"。

（二）建立激励机制

应当承认，任何编辑部编辑个体的素质都不可能整齐划一，即便其在年龄、学历、职称等方面大致相同，也难以保证他们在经历、兴趣、爱好、专业特长、知识积累、职业道德、敬业意识等方面保持一致。人的任何一种自觉行为，都是在一定的价值观支配下依照一定的行为规范处理某种利益关系的行为方式，同时也反映了行为主体的人生旨趣、人生观、道德意识和道德行为（杨小鸣，2000）。所以，要确保每一编辑个体都具有高尚的职业道德和步调一致的职业行为，并使群体效应得以充分发挥，还需建立配套的激励机制。

建立激励机制目的在于使编辑个体有价值的劳动都能得到肯定和回报。为此，编辑部在建立激励机制时，要将岗位职责同工资待遇挂钩，保证编辑个体各司其职，并向优秀人才和关键岗位倾斜，真正做到奖优罚劣、奖勤罚懒，让贡献较大的人及时得到相应的物质、精神奖励与职务提升。

（三）增加编辑部决策透明度

在编辑部内部，编辑个体在工作中难免产生摩擦、分歧和纠纷。矛盾的积累必然妨碍群体效应的正常发挥。事实上，许多矛盾的产生都源于编辑部决策的透明度不高。如年度选题要点和计划、工作质量考核与评价、岗位人员安排与调整、财务收支情况、奖金发放标准等。在有些编辑部是少数人甚至个别人说了算，个别编辑即使有意见，也无处申诉，时间一长，势必造成编辑部政令不畅通、人际关系紧张和矛盾复杂化，最终导致群体效应不复存在，编辑部决不可小视决策透明度的积极意义。因此，编辑部要按照公开、公正、公平的原则，重大决策必须向编辑部全体人员通气，广泛征求大家的意见，切实维护编辑个体的利益，消除制约群体效应发挥的负面影响。

（四）实行轮岗制度

随着科技期刊出版运作的现代化和经营领域的扩大，在原有编辑队伍中，会分化出选题策划编辑、文案加工编辑、稿件排版编辑、广告策划编辑、数字编辑等。在规模较大的编辑部中，这些岗位职责会由不同的人分担，他们各自扮演不同的角色，共同构成编辑部骨干队伍（钟天明，2001）。如果编辑个体长期处在一个岗位，易形成固定的工作模式和套路，甚至产生自满情绪，墨守成规，孤芳自赏，听不进其他同事的意见和建议。此外，一旦某个重要岗位的编辑因特殊情况而缺岗时，机动人员难以及时补位。实行轮岗制度，既可让每个编辑熟悉所有的出版业务流程，适应不同岗位，积累工作经验，也可使之从不同角度思考问题，采取不同方法处理问题。编辑部要允许并鼓励编辑个体对其他岗位工作提出自己的见解和建议，只要问题涉及刊物的质量和品牌，就应及时提交全体编辑会议集体讨论，使编辑个体之间取得信任和沟通，发挥群体效应。至于轮岗制度如何实施，既可由编辑部主要负责人根据工作需要采取全员定期或不定期轮流换岗，也可采用竞争上岗、优化组合的方式。

第三节　编辑形象的塑造

近一二十年来，我国气象科技期刊编辑的社会地位已有了明显的提高，编辑人才辈出，其中不乏在业内或主办单位倍受尊敬和重用的优秀编辑。毋庸讳言，一些气象科技期刊编辑人员的工作生活现状不容乐观，他们与单位其他科技人员相比，其地位相对偏低，个别轻视编辑人员的人或事也客观存在着。时代在发展，社会在进步，对气象科技期刊编辑而言，究竟该如何顺应新时代并抓住传统科技期刊转型升级发展所带来的机遇，塑造自身形象以提高自身地位呢？可从以下几个方面做起。

一、把准角色定位

塑造编辑形象的主要内涵是编辑在科技期刊出版运作中，为享有社会公正待遇和正确评价以争取不偏不倚的角色定位而作出的一切努力。长期以来，气象科技期刊编辑出于一种对崇高价值观的追求，乐于“为人作嫁衣”，甘当“人梯”或“铺路石”，这在某种意义至今仍然值得肯定。问题是业内也以这一标杆来看待编辑群体的角色存在，以致编辑群体的角色价值一直偏低，使之构成了编辑在本单位被“边缘化”和不受单位重视的原因之一，这对默默奉献的编辑们显然有失公平。所以，编辑要不断解放思想，更新观念，高举塑造编辑良好形象的大旗，主动从气象科研业务舞台的幕后走向台前。

在国内，科技期刊出版运作的一个特点是每刊几乎都设有编委会并普遍实行专家审稿制(或同行评议制)。这种体制或制度的存在不仅使编辑人员在一程度上形成了对编委会或专家的依赖，而且使编辑人员无形中淡化了自己的角色意识。因此，改革现行科技期刊出版运作体制或制度势在必行。创刊于1869年的英国《自然》杂志(周刊)就没设编委会，其60%的来稿由编辑部内审后退稿；一篇稿件是否采用，需经多位编辑审阅，最后由一位编辑负责，其最终决定权在编辑部(游苏宁等，2000)。诚然，编委会和专家审稿制对促进我国科技期刊发展、保证科技期刊质量起到了十分重要的作用；但其弊端也是显而易见的，即制约了编辑人员的主动性和创造性，使他们在编辑活动中尤其是在选稿和用稿上很容易陷入唯专家或编委意见是从的操作误区，即使编辑有个人想法，也慑于专家或编委的声望而不敢据理力争。其结果是，编辑人员自觉或不自觉地使自己的角色让位，也使自身形象在作者和读者的心目中大打折扣。

科技期刊编辑准确的角色定位，关键在于编辑自身要有强烈的角色意识。为此，在工作实践中，编辑要坚决摒弃懒惰依赖的思想，切实履行职责，增强责任感，大胆行使职权，要有"期刊兴则我荣、期刊衰则我耻"的压力和动力。同时，在适当借鉴国外同行办刊经验的基础上，协调好编辑部与编委会之间的关系。作为一名职业编辑，其角色定位是塑造形象的先决条件，不仅要准，而且要高。如何实现准确的、高起点的角色定呢？(1)编辑不仅要将时间和精力花在吃透有关编辑规范、精心构思栏目及设计版式等基本操作层面上，更要潜心钻研选题策划、编辑加工、科技论文写作等编辑学理论与方法，且在这方面发挥出自身的技术专长；(2)在虚心接受编委或专家审稿意见的同时，对现成的审稿意见不盲从、不迷信，要有自己的理解，并敢于质疑；(3)针对个别来稿中存在较大分歧的学术问题，要及时组织在岗编辑展开集体讨论，增强编辑对稿件学术价值的判断能力。

二、强化主人翁意识

主人翁意识是科技期刊编辑在编辑活动中所体现出来的一种始终以提高期刊质量和效益为己任、自觉并出色完成本职工作、积极而主动为主编献计献策的职业素养。可见，编辑形象塑造的实质就是培养和强化编辑的主人翁意识。强化主人翁意识，作为一种空洞而抽象的理念来要求编辑是很容易做到的，但停留在书面上或口头上的编辑形象塑造，不仅不能规范编辑的思想和行为，还会严重损害编辑形象。

为了避免主人翁意识的概念化和形式化，应当在强化主人翁意识方面采取一些得力措施。首先，要在编辑部建立一种激励机制，对那些信念坚定、敬业爱岗、不惧困难、执着进取的编辑人员，要及时给予表扬或奖励；对那些无所用心、无所作为、不思进取的编辑人员，要坚决予以批评或调离岗位。只有这样，才能真正体现出干与不干、干好与干差的区别。其次，要分工明确，责任到人，如谁负责抓科技期刊选题策划、谁负责编校质量、谁负责期刊发行、谁负责印刷出版等，都应该有专人管理，哪个环节出了问题，就追究其责任人的责任。第三，经常组织编辑部全体人员开“诸葛亮会”，针对当下某些具体问题，尊重每个编辑人员的首创精神，让大家各抒己见，充分发表个人的意见，并及时采纳那些合理化建议。有了相应的措施，强化主人翁意识才有了保证，塑造编辑形象才有了动力。

三、展开全方位自我宣传

编辑形象的塑造不是靠一朝一夕的工夫就可以完成的，而要靠持之以恒地、有意识地争取和努力才能做到。如果一个编辑经过实践锻炼已经具备了良好的道德素质和过硬的业务素质，但要想在本行业或本部门崭露头角、提高知名度、树立形象，就应当辅之以全方位的自我宣传，才可能取得事半功倍的效果。

宣传的途径多种多样，其主要有三种（王银平，2000）：(1) 利用自身文笔较好的优势，积极撰写各类宣传文章，有针对性地投稿，为客观宣传自己大造舆论；(2) 积极参与各类学术交流活动，科技期刊编辑通过参与学术交流活动，除了能学到有关编辑理论知识、吸纳他人办刊经验和结识众多编辑同行之外，还可借此机会宣传自己的编辑思想、办刊理念，适时展示自己的人格魅力与学识修养；(3) 同类科技期刊相互免费做宣传，采取这种方式，不仅可节约宣传成本，而且还能达到对外宣传的目的，当然，这一宣传方式也可延伸到不同类别的期刊之间。

科技期刊编辑的职业性质决定了编辑经常要与天南海北的作者和读者打交道。一般情况下，作者（或读者）选择科技期刊投稿所依据的是其质量，而编辑则可通过初审稿件向作者展示自身形象。编辑要想对作者（或读者）具有广泛的吸引力和亲和力，得靠自己长年累月的形象积累。如何积累编辑形象呢？编辑应长期与业内一些知名度较高的重点作者保持密切联系，为了体现出编辑特有的人情味，逢年过节或他们的生日，以发短信、贺卡或电子邮件等方式向他们表示慰问和感激之情。其实，这虽然只是举手之劳的小事，但也是一种无声的形象展示。

四、增强稿件处理能力

说到底，能力和思想是一个编辑的立身之本。这一立身之本体现在编辑实践中，内化为编辑思维，外化为对稿件的处理能力。编辑形象的塑造应建立在编辑思维的形成和对稿件处理能力的提高上。

事实上，不少编辑在关于用稿谁说了算的问题上态度不够坚决，甚至不置可否，有时对一篇拿不准的稿件既不及时送审，也不赶紧初审，而是让作者在焦急中苦苦等待。如此低效率的工作，肯定会损害编辑的形象。从责任角度而言，一份科技期刊办得好还是不好，其直接的责任者是编辑而不是其他任何人，用稿理应编辑说了算。当然，这并不是说审稿人的意见不重要，只是编辑在决定一篇稿件的取舍时，应当按照“依靠审稿人而非依赖审稿人”的原则行事。只有如此，编辑才会在编辑实践中自觉地提高自身业务素质，增加自身知识素养，练就一身过硬本领，编辑形象的塑造才会有牢固的根基。

业内，确有少数人对编辑抱有成见。因为在他们眼里，编辑只会案头增、删、涂、改等工匠式的手工操作，无需多少真才实学。对这样的误解，编辑没有必要同别人争辩，更不能责备个别作者的挑剔和傲慢，否则，将有损编辑形象。那么，编辑如何证明自己的存在和作为呢？一条最有效的捷径就是主动参与对稿件的深加工，编辑要善于将粗糙之稿升华为精品，在作者辛勤劳动的背后，凝聚编辑的心血和奉献（孙群，1998），从而让作者真实感到经过编辑之手得以发表的稿件的确比原稿要深刻、要高明、要精致。事实胜于雄辩。编辑只有在反复处理稿件的过程中不断展示自己的能力和才华，作者乃至广大读者才会认可编辑的作用和形象。

五、牢固树立服务思想

科技期刊编辑是否具备服务思想，对编辑形象的塑造有直接影响。几乎每天都有不少稿件投到科技期刊编辑部。这些来稿是作者花费了大量时间和心血写成的。因此，编辑首先要树立尊重作者辛勤劳动、善待来稿、乐意为作者服务的思想，才能塑造好自身的形象。

编辑对作者的服务质量，可以从其选稿上得到充分体现。投稿的作者中，有名人名家，也有无名小辈；有同编辑熟识的人，也有素昧平生的人；有老作者，也有新作者。无论是什么作者的来稿，编辑都要做到平等相待、一视同仁。这样的服务才是热情而公正的。另外，投稿的作者中，不少人对期刊的报道计划、选题安排、栏目设置知之甚少，所投稿件可能不合期刊的要求，编辑要不厌其烦，对其舍得下功夫精心加工，这样的服务才是尽心尽力的。有的稿件就全篇来说，也许不符合用稿要求，但其中的局部则很有见地或学术价值，编辑不应轻易舍弃，而要取其适用部分予以发表；有的稿件选题不错但文字冗长，编辑要删繁就简，使其达到科技期刊的用稿要求，这样的服务才是尽职尽责的。评判一个编辑的水平，不应以其退稿的数量而要以其“救活”的稿件数量为标准。这一标准从一个侧面反映出编辑服务于作者的质量与能力，所以按照这一标准塑造编辑形象，也会得到作者的支持和公认。

一个编辑是否具有出众的才华和上佳的形象，广大读者最有发言权。因为从事科技期刊编辑工作的人都知道，稿件多来自科研和业务第一线的普通科技人员，阅读者也多为相关专业的科研和业务人员。如果一份科技期刊没有读者阅读，其功能就无从发挥，但其要想得到广大读者的青睐，当编辑的就不能高高在上，必须强化为科技人员服务的思想。怎样强化这种服务思想呢？一是编辑人员要在实际工作中切实以读者的需求作为办刊的出发点和落脚点；二是定期或不定期深入到科技人员相对集中的业务部门和科研单位，虚心听取他们对期刊的要求和意见；三是对读者的反馈信息要认真对待，不能束之高阁，只要其建议是合理的、意见是中肯的，编辑部就应及时采纳。有了这种服务思想的指导，编辑形象塑造才会有可靠的思想保证。

第四节　青年编辑的风格形成

编辑风格是编辑在编辑工作实践中所表现出来的个性与品格，如独特的职业敏感性和理解力、独特的创意与策划、独特的版式设计与文风等。气象科技期刊青年编辑风格意识的觉悟，有助于青年编辑增强自身的责任感、使命感和事业心。将风格一词引入科技期刊编辑出版队伍并作为一种新的价值观和职业行为供青年编辑遵循，这不是一种简单化的移植，而是青年编辑对自身价值和行为的一种自我调整与完善，是青年编辑成名意识、竞位意识和创新意识的高度升华。

一、编辑风格的表现

（一）外在表现

编辑风格的外在表现是指通过对科技期刊的封面设计、栏目设置、版式设计、广告策划等具体工作中所体现出来的编辑个性。这种个性属于形式美的范畴。青年科技编辑在风格的外在表现上较为突出：第一，他们乐于接受新事物，善于把握前沿信息，普遍具有求知欲强、思维活跃、精力充沛、可塑性强等特点，在“互联网＋”已经成为国家战略的新时期表现极其活跃，主动适应科技期刊转型升级下的办刊环境，俨然成为推动传统媒体与新兴媒体、知识资源与专业服务融合发展的生力军；第二，他们强调封面设计的视觉效果（如观赏价值、审美价值），并在其色彩和构图上推陈出新，尤其偏爱视觉冲击感强的色彩，排斥花哨的构图，竭力去表现科技期刊严肃、庄重与朴实的特质；第三，他们试图使科技期刊栏目设置更具灵活性、合理性、科学性，在打破那种以不变应万变的僵化的栏目设置的同时，大胆尝试能反映编辑意图、塑造期刊特色、体现编辑风格的栏目设置；第四，他们越来越看重版式设计的美感效果，无论是对通栏设计还是双栏设计的科技期刊，青年编辑均希望通过近乎完美的版式设计达到最佳的视觉效果，在处理标题与留空之间的黑白关系、图表与文字之间的虚实关系以及字体与字号之间的轻重关系上倾注心血，以便最大限度地追求一种合理的艺术结构和审美效果。

（二）内在表现

编辑风格的内在表现是指编辑在对待和处理稿件的过程中所体现出来的编辑个性，其主要体现在选题策划、组稿与初审、稿件退修、编辑加工等环节，从这些环节中均能表现出青年编辑的一种倾向性。特别是编辑加工环节最能表现编辑风格，是最富于编辑主体色彩的文化运作，更多地体现了编辑在稿件编纂过程中的创造性参与与指导作用，也是青年编辑业务水平高低的综合体现。

对作者而言，编辑风格的内在表现能更深刻、更持久地影响作者，尤其是通过对稿件的反复修改加工，青年编辑的专业知识理解掌握程度、文字处理能力、编辑业务水平等内在素质在作者面前显露无遗。作者据此反过来对青年编辑是否称职、专业知识是否渊博、工作是否严谨务实等作出直觉评判。这种评判结果甚至可能被与作者有关的一批科技、业务人员所接受。因此，真正具有影响力的是编辑风格的内在表现。

二、塑造编辑风格的必要性

（一）科技期刊出版业发展的必然要求

青年编辑风格的形成是科技期刊出版业发展对其提出的必然要求。在传统科技期刊转型升级发展的新世纪，科技期刊之间全方位激烈竞争已不可避免，科技期刊出版面临新的严峻挑战：如何不断提高期刊质量、如何缩短期刊出版周期、如何增强期刊国际影响力与竞争力、如何扩大期刊市场占有率、如何探索新的出版方式和运营模式等一系列重大课题已摆在广大青年编辑的面前。青年编辑别无选择，只有立足岗位、面向未来、鼓足勇气，迎难而上，将自家期刊办出特色、办出风格、办成精品，才能使之占有更大的市场份额，也才能在期刊市场竞争中占有一席之地。但期刊风格的形成有赖于编辑尤其是青年编辑风格的形成。

（二）科技期刊出版体制改革的需要

2012 年 7 月 30 日，新闻出版总署印发了《关于报刊编辑部体制改革的实施办法》，随着我国科技期刊出版体制改革不断引向深入及其相关配套措施的进一步完善，在科技期刊社（编辑部）推行合同聘任制势在必行，青年编辑迟早要面临适则生存、优胜劣汰的竞争环境。身处这样的环境，显然，只有那些具有创新意识、进取精神、独特风格的青年编辑才能有立足之地。

（三）青年编辑自身的内在要求

编辑风格的形成也是青年编辑自身的内在要求。目前，从事科技期刊出版业的绝大多数青年编辑，不再将自己的思维活动范围局限于能胜任本职工作的层面和水平上，也不再满足于完成分内工作的最低能力要求，并在强烈的事业心和进取心的驱使下，自觉地通过理论学习和编辑实践来提高自身的综合素质。以此为基础，青年编辑内心产生了强烈的成就感，渴求成长成才的愿望异常迫切，希望在编辑活动中有所作为、有所建树。为了实现这一目标，青年编辑自然要将形成自己的编辑风格当作最高的从业标准之一。

三、青年编辑风格形成的基本要件

编辑风格是编辑个体在编辑活动中表现出来的个性与特征，是一个编辑成熟或成名成家的重要标志，是成功编辑所具备的一种优良品格。由此可见，编辑风格的形成需要一个漫长而艰辛的实践过程，既不能一蹴而就，也不能浅尝辄止。因此，青年编辑要想早日形成自己的风格，除了要有足够的信心和耐心之外，还必须完成如下四个积累。

（一）思想积累

没有明确的思想，便没有坚定的行动。编辑风格的形成始于思想积累。

首先，要有为人作嫁、甘为人梯的思想，这是青年编辑风格形成的基础。尽管“为人作嫁”是传统编辑进行角色定位的依据，但其对于当今青年编辑而言仍不过时。如果脱离了这一思想根基，青年编辑不仅很难进入角色，也不可能在编辑岗位上脚踏实地、任劳任怨地进行创业，更谈不上出色地完成各项工作任务了；另一方面，为人作嫁思想的确立可为青年编辑敬业爱岗、乐于奉献提供行为注释，也使青年编辑面对案头工作的繁琐与寂寞不改初心，并自觉自愿地热心为作者和读者服务。

其次，要有开拓创新的思想，这是青年编辑风格形成的保证。具有开拓创新的思想，便意味着青年编辑具有强烈的事业心和高度的责任感。这一思想反映在青年编辑的行为上，即勤于思考、勇于探索、不畏困难、执着进取。

第三，要有成名成家的思想，这是青年编辑风格形成的动力。套用“不想当元帅的士兵就不是好兵”的励志名言，可以说“不想当学者型编辑的编辑就不是好编辑”。当然，青年编辑最终能成为编辑名家的毕竟是极少数，但将其作为人生追求和奋斗目标而不懈努力，无疑有助于编辑风格的形成。

（二）知识积累

科技期刊编辑学是一门综合性、边缘性的工程学科，其主要涉及哲学知识，传播学知识，以及有关科技语言、栏目和版式设计、印刷出版、光盘出版、网络出版、多媒体融合出版等出版学的知识，学科主体是编辑工程（吴小勇，1998）。另外，编辑客体（稿件）的丰富性、多样性和复杂性要求青年编辑的知识积累必须具有广博性、宽泛性与涵盖性（任火，2000）。由此可见，青年编辑要想较好地完成本职工作，需要有较宽的知识面和较强的编辑技能，如果再想形成自己独特的编辑风格，非有大量的知识积累不可。

（三）经验积累

由于科技期刊编辑学是源于科技期刊编辑工作实践并为之服务的综合性学科，青年编辑的风格形成就不能脱离编辑实践。所以，青年编辑在编辑实践中所积累的经验愈多，对编辑风格的形成就愈为有利。这种经验的获取有三种途径：一是针对编辑实践中所遇到的问题，向书本学习，这既可不断丰富自身的编辑理论，还能从中寻找解决问题的方法；二是做有心人，平时养成记工作笔记的习惯，并不失时机地对其加以归纳总结；三是借鉴外刊或本刊编辑的工作经验，掌握各种编辑方法和技能，以他人之长补己之短。

（四）形象积累

编辑形象是指编辑人员在日常工作中和对外交往过程中所展示给他人的气质、品行、学识、才华与职业修养等人格印象。青年编辑的风格只有得到社会认可才算定型，而不可能靠自我表白来实现。因此，青年编辑自身要谦虚谨慎，求真务实，以事业为重，注意规范自己的言行；同时，对待作者及其来稿，要认真负责，通过审稿和改稿与作者建立良好的人际关系，并让作者真正感受编辑严谨细致的工作作风；另外，青年编辑要热心参与社会活动和各种形式的学术研讨会、业务培训，积极撰写并发表研究论文，以期引起众多同行和专家学者的关注，从而为编辑风格的形成大造声势。

四、青年编辑风格形成的其他要件

编辑风格的形成，除了编辑个体的不懈努力之外，也离不开主办单位和主管部门领导的支持和关心。同时，各科技期刊社（编辑部）负责人不仅要大力提倡并鼓励青年编辑追求自己的编辑风格，还要为青年编辑风格的形成积极创造条件和提供机会。如：根据青年编辑工作状况制定学习、培训、轮训制度；每年留给青年编辑一定时间去参加在职培训和青年编辑业务大赛；还可以在内部不定期举办各种编辑业务讲座，召开学术研讨会；等等。通过采取一系列行之有效的措施克服青年编辑的知识和业务的薄弱点，尽量满足青年编辑风格形成所需要的理论修养、政策水平、业务能力、学识水平和公关技巧等条件。

第五节　中年编辑心理懈怠原因与自我管控

编辑作为知识生产和文化传承的把关人，其心理健康状况与个体自身的生活、学习和发展息息相关（田宏碧和张志强，2011）。未来10年，我国从事气象科技期刊出版工作的中年编辑将会越来越多，特别是在编辑业务岗位连续工作10年以上或生理年龄大致在45岁以上且仍在岗的一些中年编辑，随着编龄增长，其心理健康状况不容乐观。其中，最为突出的是心理懈怠现象，主要表现为：不再进取，工作积极性、主动性和创造性变弱；不谋长远，使命感、责任感和危机感淡化；不求有功，但求无过。然而，这种心理懈怠现象容易被期刊主办单位和中年编辑个体误解为一种自然现象，而不觉得也是一种值得关注和思考的社会现象，以致其对期刊可持续发展和竞争力提升的负面影响被忽视。促进我国气象科技期刊出版事业不断走向繁荣，中年编辑责无旁贷，不仅应该而且必须努力对心理懈怠进行自我管控。因此，有必要对中年编辑产生心理懈怠的原因进行剖析，进而提出中年编辑对其心理懈怠进行自我管控的若干办法。

一、心理懈怠产生的原因

中年编辑心理懈怠产生的原因较多。客观上，(1) 相比年轻编辑，中年编辑年龄偏大，身体状况变差，如眼睛老花、记忆力减退、精力下降等，这在一定程度上使其失去了继续拼搏的身体优势；(2) 中年编辑长年累月、日复一日从事同样的工作，自身又很难取得成绩，正是这种工作的重复性和成果形式的隐匿性使其厌倦、心灰意冷，产生惰性；(3) 同类期刊之间竞争日趋激烈，工作压力加大，如工作节奏加快、工作量增加等，导致中年编辑情绪低落。由于这些客观原因，中年编辑在工作和生活上难免遇到一些“闹心”事，不断影响他们对工作的预期满足感和成就感(栾学东，2014)。遇到的“闹心”事多了，中年编辑就会于无形中产生心理懈怠。

主观上，当理想与现实冲突时，有的中年编辑人生价值观会有改变，觉得职称到顶、晋升无望、工资待遇基本稳定，感到再无想头和奔头，就有了“还这么拼命工作、这么辛苦付出是否值得”的功利性权衡，抱着“得过且过，混到退休”的想法应付眼前工作。这是部分中年编辑只是将工作当成一种谋生手段而越来越缺失目标、封闭自我、放松学习的深层原因。

二、心理懈怠的自我管控

俗话说，解铃还须系铃人。对于自身存在的心理懈怠问题，中年编辑一定要高度重视，充分认识其危害性，并想方设法对其进行自我管控。具体办法如下：

(一)劳逸结合，保持身心健康

中年编辑体质状况日渐变差本是自然规律，不值得为此焦虑烦躁。但为了避免因身体不适造成心理懈怠，中年编辑必须注意劳逸结合。一方面，工作固然需要聚精会神、全力以赴，但也不宜经常性地废寝忘食、加班加点；另一方面，追求出人头地、名利双收无可厚非，但也无需逞强好胜，弄得身心俱疲。毕竟身体是本钱，没有健康的身体和健壮的体魄，哪有生活质量可言，工作效率和工作业绩更是无从谈起。

中年编辑在兢兢业业、任劳任怨为工作忙碌的同时，一定要重视身体健康。同时，中年编辑切莫终日忙于工作而忽视家庭亲情对身心健康的润滑。为此，中年编辑应尽量做到：树立正确的名利观，保持适当的工作节奏；养成良好的饮食习惯，戒烟戒酒，避免暴饮暴食；每天至少锻炼半小时，若无特殊情况，早睡早起；科学用眼，保护颈椎，避免久坐，连续工作 1 小时后起身活动数分钟；保持家庭和睦，经常与配偶、子女等家人坦诚交流，多一些户外运动，感受亲情氤氲无时无处不在。

(二)敢于担当，切实履行编辑职责

科技期刊编辑工作繁琐、辛苦，又不易出成绩，何况中年编辑往往上有老、下有

小，承受着工作与生活的双重负担；如果没有敢于担当的精神，就无心面对工作重压的挑战，无力经受生活烦恼的考验。敢于担当，切实履行编辑职责，是中年编辑自我管控心理懈怠的强大思想动力。有了这种思想动力的引领，一旦工作起来，就会倾心投入其中而不觉得苦和累，就会沉浸于不断经营与付出的“一亩三分地”而不计得失，就会努力当好稿件质量把关人和守门员。如此年复一年，日复一日，中年编辑就会远离心理懈怠。

敢于担当，切实履行编辑职责，说起来容易，但做起来难。一方面，中年编辑要自觉以促进科技进步、繁荣科技出版、服务科技人员为己任，牢固树立敬业意识、精品意识、服务意识，严格执行国家有关出版规范和标准。另一方面，要养成“不怕老、不服老”、昂扬向上的精气神，荡涤心中不时泛起的“人到中年万事休”“船到码头车到站”的人生暮气，迟滞事业心和荣誉感的淡化，避免陷入得过且过、随遇而安、放任自流的萎靡精神状态；此外，还要学习掌握一些化解工作矛盾和处理生活难题的“灵丹妙药”，及时消除激烈竞争和繁复枯燥带来的倦意，缓解快节奏和紧张忙碌带来的疲劳感，不断增强职业适应能力，保持较高的生活幸福指数。

（三）不惧年长，坚持学习不松懈

客观上，相比年轻人，中年编辑会随年龄增大而身体变差、精力不济、求知欲减退，反映在学习上，往往会放松要求、放慢节奏甚至产生畏难情绪，但这不能成为中年编辑忽视知识、放弃学习的理由。为了适应现代出版业快速发展和新技术在学术出版领域广泛应用的需求，坚持学习不松懈应成为包括中年编辑在内的每一位学术期刊编辑的职业信念和文化追求。为此，中年编辑首先要克服畏难情绪，重建学习信心，以学无止境的求知态度正确对待学习；其次，不惧年长，要有“活到老，学到老”的气魄，以爱学、肯学、善学为荣，以厌学、懒学、弃学为耻；第三，从工作实际出发，通过持之以恒的编辑理论学习和出版新技术学习，让自己内心更强大、编辑技能更娴熟，从而实现从学习型编辑向学者型编辑转型（沈林，2005）。

中年编辑要及时管控心理懈怠，仅有对学习的渴望和信心是不够的，还要在学什么和怎么学上动脑筋、下功夫。中年编辑毕竟体力、精力有限，学习上不宜面面俱到，选择学习内容要有针对性和阶段性。所谓针对性，就是无论学习编辑理论知识，还是实际操作技能，都应力求学以致用，对工作或有显性帮助，或有潜在指导。所谓阶段性，就是在学习时间分配上，讲究轻重缓急和循序渐进。实践证明，学习不仅使人心态平和乐观，也使人工作得心应手。因为知识才是滋养生命、延缓衰老最有效的营养品，也是医治心理懈怠的最佳良药。

（四）追求充实，合理设置近期目标

人只有活得充实，才不至于散漫和空虚。中年编辑心理懈怠多始于散漫和空虚，合理设置近期目标可使中年编辑充实起来。目标引领未来，目标促进行动。工作目标越高，编辑的行为表现就会越努力，工作激情就会越高（马黎，2007）。为自己设置近期目标，既是中年编辑有条不紊规划和处理日常繁琐工作事务的现实需要，也是中年编辑以适度工作节奏出色完成各项工作任务的必要条件，更是中年编辑焕发青春活力、不断提升荣誉感和强化成就感的重要保证。只有恪尽职守，继续保持积极进取、争先恐后的工作作风，中年编辑才能不折不扣地完成各项工作目标任务。如果做事没有目标、缺乏计划、拖沓懒散，一旦习以为常，这样形成的心理懈怠就很难自我管控。

设置近期目标，需要掌握以下原则：(1) 要有大局意识、全局眼光和集体观念，将个人目标设置建立在期刊长远发展规划和编辑部年度工作任务的基础上；(2) 合理设定目标期限，一般以一个星期或一个月为好，目标期限太长，可能会使中年编辑觉得有的是时间而养成"今天指望明天、明天指望后天"的拖拉习惯；(3) 目标任务应清晰而具体，保证在目标期限内顺利地将其逐一完成，如果目标内容模棱两可，不仅会增加中年编辑的心理负担，还会因目标任务完成不理想而心情沮丧；(4) 确保目标任务完成质量，目标数量固然多多益善，但目标完成质量更重要，中年编辑应量力而行，切忌好大喜功，不必追求做了多少事，而应在做好每件事上下功夫；(5) 充分估计目标完成过程中可能存在的困难和风险，世上没有绝对的一帆风顺，但中年编辑对自己的能力和定力要有信心，在困难面前不轻言放弃，在风险来临时不打退堂鼓，并积极设法应对、妥善化解。

(五)心存感念，与人和谐相处

中年编辑的心理懈怠，部分原因是不善于与人和谐相处造成的。如与编辑部同事关系不融洽、与作者在稿件处理上发生意见分歧、与审稿专家沟通困难、与家庭成员闹别扭等，都可能使中年编辑心情烦躁、情绪低落。如果一味放任这种不快的情绪滋生蔓延，中年编辑心理懈怠就会加重，也愈难管控。因此，在与他人（尤其是同事、作者和审稿专家）相处的过程中一定要保持和谐，但和谐相处的前提是心存感念。

(1) 对同事心存感念。与人同事，也是一种缘分，值得心存感念。只有心存感念，中年编辑才能将自己融入整个编辑部集体，与其他同事心往一处想、劲往一处使，增强编辑部凝聚力，从而保证期刊高质量按时出版，并办成精品期刊（欧宾，2009）；同时，工作才有成绩，付出才有价值。要使自己与同事和谐相处，中年编辑首先必须自重，时时处处以身作则，工作积极主动，做年轻人的表率；然后，淡泊名利，懂得谦让，能者多劳，工作上多承担一点，少计较个人得失；第三，学会包容，对同事有别于自己的观点、做法、习惯，只要不涉及原则问题，就尽量给予理解和尊重，避免发生无谓的争论而伤和气。

(2) 对作者心存感念。作者是学术期刊稿源的直接贡献者，只有得到本专业领域大量优秀作者的支持，该刊才能在激烈的竞争中占有优势。对作者的投稿行为，中年编辑理应心存感念，努力做到与之和谐相处；但能否与作者和谐相处，取决于中年编辑能不能做到一视同仁，不厚此薄彼。因此，无论是老作者还是新作者，无论是写作技能娴熟的知名专家还是写作经验不足的普通作者，中年编辑都要心存感念。我就主张（王银平，2008），对作者投来的不成熟或有瑕疵的稿件，要尽量给予指导、帮其完善，如给他们出主意、理思路、优化选题，推荐参考文献，甚至帮助他们重新谋篇布局、确定研究重点、收集资料，最终使之经修改后达到发表要求。中年编辑要知道，作者的认可和尊敬，才是对自己工作含金量最高的奖赏。

（3）对审稿专家心存感念。专家审稿是学术期刊编辑出版流程中不可替代的一环，是评价论文学术水平、维护和提高刊物学术质量的重要保证（王慧兰和孙树江，2001）。尽管当今学术期刊中年编辑几乎都具有一定的专业背景知识或专业工作经历，但不可能穷尽某一专业所有专业问题，在判断稿件学术质量和决定稿件取舍时必须参考专家的审稿意见。所以，期刊发展离不开审稿专家的支持，对此中年编辑应心存感念，保持与之和谐相处。要与审稿专家和谐相处，除尊重和感激外，更需谦逊有礼。特别是对专家评审意见不理解时，务必虚心请教；觉得有疑问时，宜先接受再质疑，即使在找到确凿无误的依据后，也需谨慎指出，避免意气用事。

三、中年编辑心理懈怠的环境因素

中年编辑是一个特殊群体，虽然其工作能力较强、办刊经验相对丰富，但也更容易在工作中产生心理懈怠。尽管其产生心理懈怠的原因很多，也很复杂，但无外乎个人因素和环境因素两个方面。如果心理懈怠源于个人因素，则完全有可能通过劳逸结合、切实履职、坚持学习、设置近期目标、与人和谐相处等作为对其进行自我管控；如果心理懈怠源于环境因素，则需要期刊管理者设法为期刊编辑部营造和谐公平的工作环境（陆宜新，2007）。试想，一个品行修养再好、思想觉悟再高的中年编辑，怎么可能会在人浮于事、有失公允的工作环境下有效管控心理懈怠。因此，解决中年编辑心理懈怠问题，主要取决于中年编辑个体的职业操守和主观努力，但期刊管理者也有不可推卸的责任，可采取多种手段激励中年编辑，如创造良好工作氛围、建立有效考评机制、实施公正薪酬、提供教育培训等（田宏碧和张志强，2011）。

第五章　气象科技期刊编辑与作者关系分析

气象科技期刊编辑在日常的编辑出版工作中，需要处理各种人际关系，其中，最主要的是处理与作者的关系。作者是科技论文的制造者和供给者，优秀科技论文是科技期刊能够生存和发展的重要保证；如果没有作者源源不断地给编辑部提供论文，编辑工作就寸步难行、无计可施。因此，编辑与作者的关系是否和谐，不仅关系到科技期刊能否获得大量优质稿件，也关系到科技期刊能否持续发展壮大。然而，这种和谐的关系，需要编辑与作者双方共同协力营造才能建立，相互尊重、相互理解、相互支持、彼此信任是编辑与作者和谐关系建立的基础；有了这一基础，编辑与作者之间的沟通、交流才会变得无障碍、有意义。

第一节 编辑与作者的关系处理

质量是气象科技期刊的生命力，但气象科技期刊的质量在很大程度上依赖于稿件的质量，高质量的稿件通常出自高水平的作者之手。作为气象科技期刊的主体，编辑究竟如何处理好自己与作者的关系？编辑真要在日常工作中处理好与作者的关系，涉及的方面有很多，其中，最重要的是应当切实把握以下四点。

一、视作者为“上帝”

在气象科技期刊编辑出版过程中，编辑的主要工作对象是以稿件为载体的科研成果，编辑只有通过对作者科研成果的有效表达和充分展示才能对期刊的总体质量产生影响，如果没有作者的积极参与和大力支持，编辑便有“巧妇难为无米之炊”之忧，举步维艰。因此，作者在编辑的心目中被视为“上帝”并不为过。

近些年来，同类科技期刊之间在稿源上的竞争越来越激烈，不少科技期刊都面临着稿源数量不足、质量不高的问题，这一问题在有的期刊还相当突出。尽管这一现象的出现与期刊发展的大环境有关，但编辑也存在一个转变观念的问题。事实上，至今仍有不少编辑保持着过去那种等稿上门的工作习惯，在大多科技期刊普遍拓稿源、抓精品、突效益、注重塑造优良品牌的办刊形势下，这种习惯做法显然不利于科技期刊参与全方位竞争。

为了期刊的生存与发展，编辑应积极主动地去联络、去亲近作者，并真正以实际行动把作者当“上帝”看待。首先，编辑要从思想上尊重作者，乐于为人作“嫁衣”、甘做“铺路石”；其次，编辑在选用稿件上要一视同仁，既重名家，又不薄新人；第三，编辑要认真处理来稿，使稿件成为联络自己与作者的情感纽带。

二、在作者来稿上下功夫

科技期刊之间的竞争，实质上是优质稿源的竞争，谁拥有数量更多、质量更好的优质稿件，谁就有可能获得更广阔的发展空间。为了自家期刊在稿源竞争中占有较大份额，编辑不仅要有意识地培养与作者良好的人际关系，更要不断提高自己对来稿的感知辨识与编辑加工能力。

编辑要想与作者尤其业内成果产出较多的作者保持长期的友好“往来”，应当高度重视对作者原稿的再度创造，不断完善其创新性学术内容的展示与表达，经过编辑认真审读和精心修改的论文发表之后无疑会产生不同凡响的影响效果。事实上，修改稿的质量和效率最能体现一个编辑的业务能力。编辑既要千方百计在约稿、组稿上动脑筋，也不能忽视扎扎实实在稿件的修改、精练、加工上下功夫，并以此来赢得作者的信赖与支持。

值得注意的是，有的科技期刊希望通过提高稿酬来维持编辑与个别专业权威作者的长期合作，这很可能造成不良的负面影响，真正治学严谨的专家学者并不在乎稿酬是否丰厚，他们更看重的是期刊品牌与学术影响力以及编辑对稿件的精加工所能产生的传播效果；有的编辑会以为仅靠高稿酬就能获得好稿而疏于对稿件的精加工，反而适得其反，还可能影响到编辑与作者关系的纯洁性以及合作的愉悦程度。

三、以发展的眼光看待年轻作者

不少编辑认为，年轻作者虽然学历层次较高、理论知识丰富，但缺乏实际研究工作经验和对科技论文写作技能方面的训练，这样的想法或许有一定的合理性，但如果是将其带入到编辑工作中，则必然影响编辑处理年轻作者来稿的公正性。在编稿过程中，偏爱名人或专家学者的稿件，并重视与他们建立长期友好的合作关系无可厚非，而轻视年轻作者以及他们撰写的科技论文，则是一种短视的不可取的狭隘行为。年轻作者暂时名气不大，学术思想还不成熟，写作技巧也不够老练，但编辑要以发展的眼光看待年轻作者，不远的将来，他们也许会成为活跃在某一专业研究领域的新星或佼佼者。

平常工作中，编辑有责任对年轻作者的来稿投入更多的时间和精力去审读、修改，对他们在学术研究上所取得的成绩给予足够的关注；即使有些年轻作者的来稿还达不到发表水平，也不能简单处理，一退了之，或让其“石沉大海”，至少可以写一封简短的回函，说明稿件不能发表的原因，同时以热情洋溢的话语鼓励他们继续为本刊撰稿。

四、多一份人情味

在与作者打交道时，编辑若能多一份人情味，无疑能获得作者的好感，并能最大限度地得到作者的支持。对于作者的投稿行为，编辑始终要抱有一种感恩的心态，无论来稿质量优劣，都应按程序进行登记（或入库）、送审、回复，特别是要让作者随时查阅或知晓自己稿件的处理进程。对拟用稿件，除告知作者刊出期号之外，不妨顺便捎去一句表示祝贺的话语；对不用稿件，在说明退稿原因的同时，应诚恳向作者表示谢意或歉意。

在编辑活动中，对那些学术水平高、思维活跃、经常给期刊投稿的作者，编辑不仅要密切关注他们的科研成果，还要注视他们工作单位变动、职务晋升、获奖情况等方面的信息，并及时向其表示祝贺；通过建立高端作者群，每隔一段时间，或发邮件，或打电话，不时联络感情，以示对作者的尊重和感激。尤其是逢年过节，不忘借助微信、QQ等即时通信软件给相关作者发一张贺卡。对个别德高望重的作者，可以利用出差机会登门拜访，甚至专程去探视。

第二节　作者写作和投稿心理问题的编辑应对

作者因科技论文写作、投稿的目的和期望不同，他们在向期刊投稿时往往存在不同心理，这种心理差异或多或少会反映在作者的稿件中，有经验的编辑通过对稿件的细心研读可以洞悉这种心理差异。应该说，多数作者的投稿心理是积极的、平和的、健康的；但也有少数投稿者存在一些心理问题，常见的心理问题包括浮躁、自负、自卑、自大。对这些存在心理问题的作者或投稿者，编辑应从“力戒”和“力求”正反两个方面给他们提供力所能及的帮助。

一、对有浮躁心理的作者

有浮躁心理的作者，无论是论文写作还是论文投稿，往往急于求成，带有明显的功利性，既不想花更多的时间和精力在论文质量的完善上，又想论文能尽快发表。对这些有浮躁心理的作者，编辑应帮助其力戒情绪急躁、力求科学严谨。

（一）力戒情绪急躁

帮助作者戒除情绪急躁，编辑应当“苦口婆心”。第一，告诉作者做研究也好、写论文也罢，要获得预期的效果与成功，首要问题是摆正研究位置，端正写作态度，保持良好心理状态。第二，劝说作者以一种平和心态和愉悦心情从事科学研究和论文写作，淡定从容，变“要我写”为“我要写”。第三，要严肃指出，完全出于功利考虑，不可能写出高质量科技论文，使作者在着手研究和写作之前，将心情调整到平静状态，变“写作烦”为“写作悦”，变“写作苦”为“写作乐”。第四，正告作者在论文写作和投稿过程中，少一点急功近利，淡泊名利，不为眼前利益所惑；多一点责任意识，以反映科研新成果、报道学术新观点为己任，捍卫科学尊严和学术正气。第五，提醒作者避免研究计划和写作过程受到外界干扰，保持精力集中、思维活跃、思路清晰、灵感迸发，才能如期完成目标任务。

（二）力求科学严谨

编辑可从以下几个方面帮助作者将论文写的科学严谨。

一是讲明严谨是科技论文最基本的要求，具体说，结构上，层次安排合乎逻辑，各部分有机结合、相互关联；内容上，资料切题，分析透彻，没有不着边际的介绍性文字和离题偏题的文献评述；最重要的是，结论与资料高度统一，结论能够契合资料，资料能够支持结论，没有结论大、资料小或结论小、资料大的毛病，也没有结论、资料“两张皮”的现象。

二是指出科技论文不严谨的种种表现，如题目不能准确概括内容，逻辑结构混乱、各部分之间脱节，公式、符号及图表使用不规范、不简练，语言表达模棱两可等。

三是分析造成科技论文不严谨的原因，如作者主观上可能存在不够专心致志、不愿精益求精等，客观上的原因包括对论文选题认识不深，资料和试验条件准备不充分，新资料、新方法、新技术应用不当，科技语言表达训练不够等。我曾收到过一篇题为《数值预报产品对雨转雪天气预报着眼点分析》的论文，作者本应将研究的重点放在雨转雪的成因上，即稳定度指数、温度层结变化等方面；而作者却按分析暴雨成因的思路去分析涡度、散度、垂直速度等物理量场，显然不能揭示雨转雪一类的转折性天气的成因。后经了解知道，作者并未仔细研究选题，不过是为了应付单位领导布置的投稿任务。

四是提出避免科技论文不严谨的具体做法，如重视科技论文写作基本功训练，了解论文基本格式，提高科技语言表达技能，熟悉国家有关规范；广泛查阅已发表的同类研究文献，了解相关学科领域最新研究动态和进展，力求选题新颖、精准；论文完成后，至少放置半个月，然后重新审视以便发现其中的疏漏和差错，再行对其加以全面修改、补充和完善。

二、对有自负心理的作者

有自负心理的作者，在对待科技论文写作时，往往自视甚高，并不认为自己写论文尚欠缺必要的专业知识和写作知识积累。对有自负心理的作者，编辑应帮助其力戒知识单薄、力求博览群书。

（一）力戒知识单薄

帮助作者戒除知识单薄，编辑应当“有的放矢”。针对作者的知识面偏窄，在充分了解其研究兴趣和学术爱好的基础上，引导作者以特定研究方向为重点，不断拓宽相关知识领域，丰富边缘知识，如有的作者希望在灾害性暴雨研究上有所建树，我就建议作者除了掌握动力气象学基础理论知识之外，还要加强对雷达气象学、卫星气象学、中尺度诊断分析方法等知识的学习与应用。针对作者的知识应用能力较差，鼓励作者勇于探索、勤于思考，养成记工作笔记的习惯，大胆尝试应用所学知识解决当前业务技术工作问题，从中不断获得激励心智、愉悦心情的成就感。针对作者的知识老化，鼓励作者与时俱进，加强学习，尤其保持对与自身业务工作有关的新理论、新知识、新观点、新技术浓厚的求知欲。针对作者信息敏感性不强，建议作者密切关注同行普遍关心的问题和工作中遇到的共性问题，一旦有所感悟和见解，便及时进行梳理和总结，尽可能形成书面文字。

（二）力求博览群书

编辑可从以下方面对作者博览群书给予参考性指导。一是建议作者多读书，除了科技专业书籍之外，还要适当读一些对科技论文写作有潜移默化影响的非专业书，如语言学、逻辑学、辩证法等方面的书。二是引导作者善读书，让作者铭记孔子所言“知之者不如好知者，好知者不如乐知者”，不断培养读书兴趣，从读书中感受乐趣，避免死读书、读死书，养成勤于思考的习惯；同时告诉作者，书读多了，自然就会将各类知识融会贯通，用以指导科研和写作实践。三是勉励作者挤时间读书，用爱因斯坦的名言“一个人到 60 岁为止，工作时间只有 13 年，除去吃饭睡觉，业余时间仍有 17 年，能不能成功，就看你如何利用业余时间”引导作者合理分配时间，妥善处理工作、研究、读书三种之间的关系。四是及时向作者推荐与其业务工作或研究课题有关的最新学术论文和学术专著。

三、对有自卑心理的作者

有自卑心理的作者，往往认为科技论文很难写，觉得自己不适合搞研究、写论文，尽管也有将论文写好并发表出来的愿望，但不知道该从哪方面努力，投稿多是迫不得已。对有自卑心理的作者，编辑应帮助其力戒信心不足、力求战胜自我。

（一）力戒信心不足

帮助作者戒除信心不足，编辑应当“设身处地”。一是引导作者尽快入门，让他们立足于本职业务工作岗位，从查阅资料、积累知识、了解国内外相关学科或专业研究动态（主要了解他人在同一研究领域已经取得的成果和未来发展方向）做起，只要持之以恒，必有所获。二是鼓励作者尤其是论文初学者，让他们明白，同做任何其他事情一样，在科学研究和论文写作过程中难免遇到诸多困惑与难题，不可能一帆风顺、一蹴而就，只要不回避、不气馁，困惑与难题都可迎刃而解。三是通过发现作者文稿中的"闪光点"激励作者，在对作者所付出的艰辛劳动表示理解与尊重的同时，还要肯定作者的良好开端和写作潜能；我在平常的工作中，即便是退稿，都会以"本刊编辑对您的稿件进行了认真审读，觉得您为写作该文付出了艰辛劳动，也做了一些颇有意义的研究工作，虽然该稿未被本刊采用，但只要您树立信心、继续努力，我们一定会很快再次收到您质量明显改观的新稿"这样的表述以之对作者给予安慰和鼓励。四是如实告诉作者稿件未被本刊采用的原因，语气应委婉和气，既不伤害作者继续写作和投稿的信心，又能让作者从中认识到存在的不足和需要努力的方向。

（二）力求战胜自我

编辑可从以下方面帮助作者在科技论文写作和投稿时战胜自我。一是向作者说明功夫不负有心人，只要肯付出，必有所获，既然能在业务工作中取得不俗的成绩，若真肯在科技论文写作上动脑筋、下功夫，经过一段时间学习与苦练，同样可以取得与业务成绩一样的收获。二是建议作者积极与编辑配合，不厌其烦地修改稿件，让作者明白许多投稿者因对科技论文写作规范及如何写作缺乏相应知识，只有极少人投来的科技论文基本不用修改，绝大多数稿件都要经过修改，有的甚至要修改 3～4 遍才符合要求，同时让作者在稿件修改过程中学到知识，开阔眼界，拓宽视野，启迪今后的研究和写作。三是勉励作者经得起退稿考验，对初学者来说，遇到退稿是很正常的，关键是不能让作者心灰意冷、怀疑自己的写作能力，真诚帮助其分析退稿意见、思考退稿原因，吃一堑、长一智，为下次投稿做好充分准备。四是鼓励和帮助作者成文并发表，对于平常写惯了技术总结材料、驾驭学术论文能力相对较弱的基层气象科技人员，一方面要让其知道必须在研究工作中有了新的发现，如新的理论认识、新的学术见解、新的技术方法等才可能写出有价值的论文；另一方面，要与作者一道反复修改稿件直至发表，论文的发表才是作者建立战胜自我信念的根本。

四、对有自大心理的作者

有的作者，尤其是个别刚入职不久的高学历年轻作者和有一定知名度的专家型作者，往往存在自大心理，不在乎编辑初审意见或专家评审意见，有的甚至有意"抬杠"。作者自大心理反映在科技论文写作与投稿中，有的固执己见，对编辑在初审中对论文层次结构的调整、语言文字方面的修改、量和单位的规范等不以为然，认为编辑无事生非、吹毛求疵；有的拒绝配合，对编辑或审稿专家对文稿个别地方的质疑，既不修改补充，也不解释说明；有的无端猜忌，或怀疑编辑部安排审稿人失当，审稿人对其撰写论文的学术观点和创新价值未给出正确评价，或认为编辑部采用双重审稿标准，厚名家、薄新人，重人情、少公正。对有自大心理的作者，编辑应帮助他们力戒自以为是、力求谦虚谨慎。

（一）力戒自以为是

帮助作者戒除自以为是，编辑应当“就事论事”。对重理轻文的作者，重在指出文理错乱、文句多歧、文意含混的弊端，劝其多在增强论文可读性、语言文字精练等方面下功夫。对轻视规范的作者，除了耐心说明一篇好的科技论文必须符合国家标准或有关规定对科技论文表达规范要求的必要性和重要性之外，还要让作者知其具体标准及使用范围和方法，使之从对规范的排斥到接受并自觉应用。对治学态度不够严谨的作者，尽量少责备、多沟通，引导作者正视来稿中存在的问题，以真情感动作者，以真诚打动作者。对于对专家审稿意见打折扣的作者，一方面对将论文中专家质疑内容一删了之并拒绝说明或解释的行为表示坚决反对；另一方面，鼓励作者面对修改困难，要不怕麻烦，想方设法，以求妥善解决。

（二）力求谦虚谨慎

编辑可从以下几方面帮助作者在回应专家审稿意见时做到谦虚谨慎。一是请求作者理解并配合编辑做好期刊出版工作，使其认识到专家审稿是科技期刊论文评审过程中的重要环节，旨在提高科技论文文稿和刊物质量。二是恳请作者相信编辑部选择审稿专家的合理性和权威性，审稿人一般都会认真阅读文稿，从内容、结构、数据、图表、英文摘要乃至参考文献等方面，对文稿加工提出具体意见。三是建议作者理性、客观、冷静对待同行专家的审稿意见，先接受，再质疑，鼓励开展正常的学术争鸣；对不同意见，要求作者平等对话、以理服人，不作无谓的赌气之争甚至人身攻击。四是劝导作者善于接纳审稿意见，除了说明这有助于作者进一步开展研究之外，还要尽量帮助作者拾遗补漏、纠正疏误，以使科技论文更趋完善。我曾遇到一个作者对“最好不要对这次暴雨过程的环流背景和影响系统泛泛而叙，希望抓住影响该过程发生发展的若干重要天气系统进行深入分析”这条专家意见不以为然，我通过仔细阅读原稿和对这条意见的理解，建议作者侧重对500 hPa短波槽的触发作用、高空急流区次级环流影响、700 hPa有利辐合流场、地面中尺度低压影响等进行分析，既揭示各种主要天气系统对该过程的影响，也避免与其他同类天气过程诊断在环流背景分析上雷同。作者看到我给出的这条建议后态度明显好转，并回复表示愿意照此修改。

五、洞悉之“易”与帮助之“难”

在编辑工作实践中，洞悉作者在科技论文写作和投稿中的心理问题也许并不难，但难的是如何因人而异、因稿而异、“对症下药”帮助作者克服心理问题。要将此“难”化为此“易”，需要科技期刊编辑不断强化服务意识，以将期刊办成社会效益与经济效益完美结合的“双效”期刊、读者和作者都喜爱的“双爱”期刊(游苏宁,2005)作为最高追求,既修内功,使自身的专业知识日渐精深、编辑技术日趋娴熟;也练外功,努力提高自身道德修养,培育广博的文化积淀乃至艺术修养(李树华,2009)。只有这样,科技期刊编辑才能赢得广大作者的尊重和信任,经常组到创新性、学术性、实用性俱佳的优秀论文,为创办精品期刊不断丰富稿源和作者资源。

第三节　作者学术诚信问题的编辑应对

学术诚信是衡量科技期刊是否具有科学价值、科研指导功能以及学术传播效果的先决条件,是科技期刊取信于科学共同体乃至全社会的根本保证,也是科技期刊得以长期生存与可持续发展的重要基石。然而,目前科技期刊编辑出版过程中存在种种学术诚信不良现象和行为,如一稿多用,为抄袭、剽窃之作放行,“创收论文”只要给钱就发表,“垃圾论文”由“枪手”代写代发被默许,收取高额版面费,未参与创作而在他人论文上署名,未经他人许可而不当使用他人署名,等等。这类急功近利的短期行为,不仅影响到我国科技期刊的权威性和信誉度,也对学术界严谨自律的良好风气造成了严重损害。科技期刊编辑出版中产生的大多数学术诚信不良问题是作者所为,有的科技期刊因价值取向偏离正确方向、无序竞争、把关不严甚至听之任之也难辞其咎。因此,科技期刊管理者和在职编辑,都应高度重视并认真思考国内期刊学术诚信不良问题,为不断推进我国期刊学术诚信建设贡献力量。

一、科技期刊出版中学术诚信不良的存在原因

学术诚信要求科研人员必须遵守学术道德和学术规范,学术界将违背学术道德和学术规范的行为被称为学术不端行为(郭建宏,2010)。对目前我国学术界愈演愈烈的诚信危机和学术不端行为,人们更多地将其指向科研人员,并归结为其个人道德问题和个人行为,也认为其与社会大环境、现行科学研究及成果评价制度密切相关。同样,学术诚信也要求科技期刊必须遵守编辑职业道德和出版规范,对存在于科技期刊编辑出版过程中的学术诚信不良,必须从自身找原因。

(一)导向不正确

作为职业编辑,科技期刊出版从业人员都要立足岗位,着眼未来,从国家科技进步和学术繁荣大局出发,主动承担更多的社会责任,严格执行国家标准,认真履行办刊宗旨,不断提高期刊学术品位和质量,努力发挥其在知识生产、信息传播、学术交流中的重要作用,更好地为广大读者和作者服务;并以将期刊办成社会效益与经济效益完美结合的“双效”期刊、读者和作者都喜爱的“双爱”期刊作为最高追

求(游苏宁,2005)。这种职业价值观和理想追求既是我国科技出版界的主流,也是社会舆论和办刊人推崇的导向;但随着部分科技期刊被完全推向或半推向市场,受市场经济大潮冲击,以经济效益为标准的价值取向使有的科技期刊的办刊方向偏离正确价值观轨道,违背职业道德,不讲学术诚信,无视期刊学术品位和质量,对“创收论文”只要给钱就发表,为“关系稿”“人情稿”大开方便之门,即便由“枪手”炮制的“垃圾论文”也照样刊登。这种错误导向严重损害了我国科技期刊的整体形象和声誉,其根源在于少数科技期刊管理者和编辑人员在利益诱惑下迷失方向、唯利是图、急功近利、一切向钱看。

(二)认识不到位

学术诚信不仅事关办刊队伍形象与声誉、科技期刊未来生存与发展,也关系到国家科技事业繁荣和科技竞争力提升,并非所有科技期刊编辑都能站在这样的高度和层面认识学术诚信。在办刊实践中,有的科技期刊对学术诚信就存在若干认识误区,如不少科技期刊通过在“约稿”中或以其他方式对外单方面声明“作者文责自负”,将出版过程中可能出现的诚信不良责任完全转由作者承担,以推卸自身所应承担的责任(庞海波,2011);也有编辑片面认为,学术不端仅仅是针对作者的,因而放弃自己的审稿权、质疑权和修改权(陈朝晖和黄寿恩,2007)。此类认识误区很容易让学术不端者有隙可乘,不仅使科技期刊成为制造假冒伪劣学术产品的帮凶,还会给期刊造成极其恶劣的影响,既影响其学术诚信,也影响读者对期刊的信任。

(三)制度不健全

科技部在 2006 年 12 月颁发了《国家科技计划实施中科研不端行为处理办法(试行)》,并于 2007 年 1 月 1 日起正式施行,教育部也在 2009 年 3 月发布《教育部关于严肃处理高等学校学术不端行为的通知》,2018 年 5 月中共中央办公厅、国务院办公厅印发了《关于进一步加强科研诚信建设的若干意见》,但至今国家或部门还没有针对科技出版中的不端行为出台专门的管理办法。良好的制度是保障科技期刊弘扬学术诚信的重要基础,尽管每个科技期刊社或编辑部为确保期刊正常出版发行与经营都建立了各种规章制度,但未见针对学术诚信制订专门的管理制度。长期以来,科技期刊对如何防范科研工作者学术不端行为比较关注,反而对自身学术诚信问题重视不够,才使相关制度不健全或缺失,个别编辑才敢肆无忌惮编发“关系稿”“人情稿”,明目张胆接纳“垃圾论文”,对作者的种种学术不端行为视而不见、装聋作哑。

(四)措施不得力

我国现有科技期刊近 5000 种,早在 2006 年我国科技论文在数量上就已跃居世界第二位(杨春华等,2009)。我国现已成为名副其实的期刊出版大国,但绝非期刊出版强国。片面追求发行量、版面费、广告经营收入以及其他功利物欲,是导致少数科技期刊编辑人员忽略、轻视、违背学术诚信的诱因，这在一定程度上阻碍了我国成为科技出版强国。科技期刊学术诚信问题长期存在并屡禁不止，一个重要原因就是缺乏得力措施，既对尊崇学术诚信的科技期刊和编辑个体无奖励措施，也对不讲学术诚信的科技期刊和编辑个体无可操作性的处罚措施，这才使科技期刊学术诚信不良行为难以得到有效遏制。因此，建立有效的相关预防措施、奖励措施、处罚措施势在必行。

二、学术诚信不良问题的编辑应对

科技期刊编辑出版经营中的学术诚信不良问题，不仅关乎科技期刊自身发展和编辑群体声誉，而且关乎国家形象和国家利益，对此绝不可等闲视之。在此，从编辑肩负的社会责任出发，提出如下几点应对措施。

（一）增强学术诚信意识

科技期刊编辑出版经营中种种学术诚信不良问题的出现，除了受社会环境和制度因素影响之外，也不排除主观因素。少数科技期刊和编辑个体缺乏学术诚信和道德自律，在某些功利物欲诱惑下故意妄为。假冒伪劣之作若想在学术期刊上发表，一靠浑水摸鱼、蒙骗过关；二靠人情关系或幕后“交易”过关。因此，防范和杜绝种种学术诚信不良问题，最根本的办法还是靠科技期刊编辑群体共同增强学术诚信意识。同时，作为编辑个体，要从现在做起，从自身做起，以讲求学术诚信为荣，以贪图功利物欲为耻，肩负时代赋予的光荣使命，担起弘扬学术正气、维护良好学术生态的社会责任，做科技自主创新、繁荣与发展的推手。另外，诚实待人，讲究信誉是科技期刊编辑工作一个十分重要的原则（宫福满，2004）。在工作实践中，编辑对作者文稿中的问题，要直言不讳，传达审稿意见要准确无误；严格履行《稿约》中的约定，及时答复作者投稿；收到作者、读者反馈意见后要慎重处理，对批评意见要认真倾听，对正确建议要虚心接受。

（二）提高职业道德素质

在市场经济负面因素以及社会不正之风的影响下，科技期刊编辑人员自身职业道德存在“滑坡”现象（顾冠华，2003）。如一些学术期刊编辑价值观念扭曲，不讲职业道德，拜金主义思想严重，淡泊名利、甘当人梯、甘于为人作嫁衣的优良传统在一些编辑的脑海中已不复存在；在另类价值取向的作用下，为“关系稿”“交易稿”大开绿灯已不是秘密。为此，不仅要寄希望于国家或科技期刊主管部门尽快制订出台相应的编辑职业道德公约，规范并约束编辑的职业行为；同时，期刊社或编辑部也要加强编辑职业道德教育，通过开展经常性的类似向优秀编辑学习的活动，努力使自己成为高尚、诚实、称职的新时代编辑；此外，加强职业道德监督，使编辑人员廉洁自律、洁身自好，坚持敬业爱岗、克己奉公、默默奉献的职业操守。

（三）完善学术诚信监控手段

不少科技期刊通过不断完善学术诚信监控手段，预防或尽量减少学术诚信不良现象发生。如有的科技期刊在作者投稿时要求作者提交学术诚信承诺书。在承诺书中，作者应明确承诺：(1) 论文内容未曾以任何形式在其他刊物上发表，无一稿两(多)投；(2) 论文全部试验数据真实可靠，且主要数据、图表没有正式发表；(3) 论文无抄袭、无知识产权纠纷；(4) 论文不含泄密内容。此外，在承诺书中，全体作者必须按署名顺序提供亲自签名；还要有第一作者(通讯作者)单位管理部门的审核意见，并加盖公章。

目前，我国大多数科技期刊在出版实践中都在使用“学术不端文献检测系统(AMLC)”。AMLC 是一个以“中国学术文献网络出版总库”和大量国际学术文献为全文比对资源，辅助检查篡改、不正当署名、抄袭、一稿多投、伪造等学术不端行为的智能系统。为了防范可能出现的学术不端行为，编辑部在收到稿件的第一时间就应通过 AMLC 对原稿进行网上比对，再根据比对结果，决定稿件是否进行下一步稿件处理流程；尤其是对检测后发现存在学术不端行为的作者要给予严厉警告，将其归入黑名单，对其论文限制录用(庞海波，2011)。

（四）加强同类科技期刊联防

要彻底或最大限度消除学术诚信不良现象，仅靠某一科技期刊单打独斗毕竟力量有限，这就需要同类科技期刊形成合力、加强联防。这种联防可基于功能日益强大的计算机网络，以充分利用其信息传播和舆论监督优势。不妨尝试以下做法：(1) 通过建立行业科技期刊 QQ 群或区域科技期刊 QQ 群，互通有无，及时发现并制止学术诚信不良行为；(2) 设立全国统一的学术诚信举报电话或邮箱，向读者公开，接受读者监督和检举；(3) 在网上开设“学术诚信不良曝光台”，对学术诚信不良的个人或事实及时在网上信息公开栏上公布。

（五）加大对诚信不良行为的惩治力度

要全面而有效遏制科技期刊编辑出版经营中的种种学术诚信不良，必须在制度上加大对其惩治的力度。但要进行具体惩治，必然面临三个现实困境：一是如何适度定性，目前无论是科研人员不讲学术诚信还是科技期刊违背学术诚信，往往均被归于道德层面而非违法，对不守道德的人，惩治只能停留在舆论谴责层面；二是如何划分责任，对有些已发生的学术诚信不良行为，责任很难分清，如作者在论文中伪造数据，科研人员自然难脱干系，而编发此论文的编辑以及对刊物负监管责任的主办单位又该承担多大责任？三是如何判断是主观故意还是客观不慎，有些学术诚信不良行为很隐蔽，如“人情稿”“关系稿”，往往都是私下交易，很难对其主观性或客观性做出判断。即便存在以上现实困境，也并非无计可施、一筹莫展，如采取封杀不良者的学术论文、点名批评训诫、向所在单位检举揭发、向大众新闻传媒通报等措施，都能对学术诚信不良者起到警诫和震慑作用。

论文在我国已成为一种衡量个人科研能力、学术水平与学术成就的主要指标，这决定了科技期刊学术诚信建设是一项长期而艰巨的任务。可喜的是，中共中央办公厅、国务院办公厅印发的《关于进一步加强科研诚信建设的若干意见》明确指出，要严肃查处严重违背科研诚信要求的行为，自然科学论文造假监管由科技部负责，哲学社会科学论文造假监管由中国社科院负责；坚持零容忍，保持对严重违背科研诚信要求行为严厉打击的高压态势，严肃责任追究；建立终身追究制度，依法依规对严重违背科研诚信要求行为实行终身追究，一经发现，随时调查处理。因此，科技期刊社或编辑部首先要立足所办刊物，以身作则，以质量为核心，引导科技人员专注于有开拓性的创新研究，发表高水平研究论文，杜绝低水平重复劳动；其次，营造公平竞争的科技出版氛围和环境，鼓励公平竞争，对那些严谨求实、精益求精的科研人员，要大力宣传、鼓励；再次，充分利用现有监控手段，及时发现学术诚信不良行为，增强防范技能。只有如此，才能逐步遏制并最大程度减少学术诚信不良现象或行为的发生。

第四节　编辑基于作者对象的稿件退修信感情色彩

在科技期刊传播系统中，科技期刊编辑被称为科学的“守门人”(鲁星和翁永庆，2003)。作为科学的“守门人”，编辑在履行职责时不可避免要将一部分来稿拒之门外或要求作者对稿件作出修改，怎样对待这部分来稿及其作者，这涉及科技期刊退修工作的方方面面。稿件退修是编辑工作流程中的重要一环，也是保证期刊质量的一项重要工序(曹作华和田力，2001)。应当看到，不少科技期刊社或编辑部对写作稿件退修信不够重视，即使对其有所注意，也是理性因素占据主导，而缺少感情色彩。联系科技期刊编辑出版实践，对强化稿件退修信感情色彩的意义和做法讨论如下。

一、退修信有感情色彩是对编辑职业素养的要求

从事科技期刊编辑工作，就必然要与稿件打交道，免不了要经常给作者写稿件退修信。写退修信说起来是一件小事，但不少作者对编辑部收到稿件后不回信或回信敷衍应付的做法很不满意，意见很大。有作者反映(陶范，2004)，几年间投过 20 多篇科技论文，仅接到少数几个编辑部的通知，就是在这少得可怜的通知中，对没有录用的稿件也未附专家审稿意见。可见，写不写退修信，是否认真去写，在一定程度上反映出编辑的职业素养。退修信的感情色彩对编辑职业素养的要求主要表现在以下三个方面：

(一)态度诚恳是写好退修信的关键

退修在期刊编辑工作中的作用显而易见，它有利于提高文稿质量，有利于保护作

品的完整性，有利于密切编辑与作者的关系，有利于提高编辑部的工作效率（罗一新，2004）。这些作用在很大程度上需要借助退修信发挥出来。缺乏感情色彩的退修信无疑会削弱退修在期刊编辑工作中的作用。编辑态度诚恳，才能保持一颗平常心，平等对待每一篇退修稿件（程春开等，2002）。一个人的能力有大小，稿件的质量有差异，但在人格上作者与编者是平等的。在写退修信时，无论稿件质量如何，无论作者学术水平怎样，无论稿件最终是否发表，编辑态度都应诚恳，尽量给作者留下认真负责、富有人情味的好印象。

（二）坚持实事求是的原则是写好退修信的基础

退修信该怎样写，没有统一的规范和标准。实事求是应该是写退修信的一条基本原则。编辑应当如实将专家审稿意见转达给作者，同时还要从文稿结构、规范化与标准化、观点确立、论据使用、论证展开乃至文字表述等方面对稿件提出修改意见。提修改意见时，编辑应客观指出问题，避免盛气凌人和使用教训口吻，不可随心所欲地指责作者，还要避免当审稿人的“传声筒”，机械地将审稿人的意见转述了事；也要避免言辞模棱两可，让作者摸不着头脑。总之，要让作者明白需做哪些修改才符合刊用要求，以求一次修改到位。

（三）爱心和人文情怀是写好退修信的根本

在写退修信时，编辑应将心比心，多一点宽容与理解，少一点苛求与责难，不断提醒自己：“人不可貌‘稿’”。对待有些作者尤其是入职时间不长的年轻作者写的论文，即使论文暂时还达不到发表水平，也应给予更多关心与帮助，不能因此否定作者的论文写作能力和潜力。更重要的是，编辑在信中对作者要言辞恳切、充满爱心，以发展的眼光看待作者，让作者既看到希望，也感受到编辑的人文情怀。有了编辑的爱心倾注，即使稿件未被采用，作者也不致于心灰意冷、失望至极。

二、写退修信要看对象

有道是，稿件不用人情在。但要在科技期刊编辑活动中留住这份人情，并非易事，因为作者在性格、年龄、身份、地位、声望等方面存在差别，对待稿件退修的心理反应各不相同，这给编辑强化退修信的感情色彩提出了更高要求。只有全面了解写信对象，编辑才能针对不同作者写出感情色彩同样浓郁的退修信。

（一）写给资深专家

对已取得了一定学术成就的资深专家，编辑在退修信中应表现出尊重、谦虚的态度。试举一例如下：

尊敬的×××高工：

承蒙惠稿，欣然拜读，咀嚼再三，受益匪浅。披览之余，窃以为，您的这篇稿件，选题颇有见地。当前，××问题是一个很突出、很有价值的学术问题，但它尽管为您的许多同行所关注，能真正将它作为研究对象并写成论文的还不多见，您就是其中少有的探索者之一。您的探索不仅精神可贵，还具有独到的眼光。然而，论文写作毕竟是一件需要深思熟虑、潜心钻研和付出艰辛劳动的工作。我斗胆冒昧地说一句，您的这篇论文还存在一些不够完善的方面，我可否提出来向您请教?！……

从上例退修信中可见，编辑对专家的辛勤劳动和执著探索的精神给予了高度赞扬，但也很婉转地指出，专家所写的论文也并非篇篇都是完美无缺的。编辑在给专家提出退修意见时，要体现感情色彩，尊重、谦逊、诚恳是必要的，但也不必拘束紧张、吞吞吐吐。只要意见客观、语气平和谦恭，专家也是会乐意接受的。

（二）写给年轻作者

对于在校（职）研究生或博士生以及入职时间不长的年轻科技人员，退修信的感情色彩主要表现在态度和蔼、平易近人、不耻下问上。举例如下：

小×同志：

来稿收阅。恕我坦言，您撰写的这篇论文还达不到发表水平。虽然此稿未被采用，您切勿灰心。因为在您的这篇还不成熟的论文中，您的才华已有所显露，足见您扎实的写作基本功、潜力和智慧。坦率地说，您大学毕业不到两年，算是初出茅庐，能写出这样结构工整、语言简练的论文，您已经尽力了。当然，您一定很想知道您的论文为什么未被采用，我想主要有以下几个方面原因。……

写给年轻作者的退修信，其感情色彩一般比较容易体现。谈到稿件是否达到发表要求时可直言不讳，考虑到作者的心理感受，对其应先行鼓励，再讲明稿件不能发表或需要修改的原因。退修信对于年轻作者显得更重要、更迫切，要让作者感到编辑是在真心帮助其开阔视野、增长见识、提高论文写作水平。

（三）写给经常投稿的作者

对于经常给本刊投稿或在本刊发表过论文的作者，强化退修信的感情色彩不易把握，因为既要做到不伤其自尊心，还要让作者接受退修或退稿的事实而不致于心生不快，这就需要编辑多费心思、慎重处理。试看一例：

×××同志：

时隔不久，再次捧读您的论文，我异常欣喜，也非常感谢您对本刊一贯的支持。根据本刊对录用稿件的质量要求，静而观之，此稿实难刊用。原因有三：

……

尽管此稿存在以上几个方面的问题，但我并不怀疑您的研究水平所达到的高度。我敢说，这些原因都是非智力因素造成的。请您放心，本刊的大门始终向您敞开，我随时恭候您再次惠稿。

既然是以前在本刊上多次发表论文的作者，其论文写作水平也不会太低，但对其不成熟或不能录用的稿件也不能迁就，无论是退修信还是退稿信，其感情色彩首先应体现在真诚感谢上，其次才体现在期待上。

三、强化退修信感情色彩应注意的若干问题

(一)洞悉作者的投稿动机和目的

只有对作者的投稿动机和目的有了更多了解，才能寻找强化退修信感情色彩的突破口。从致力于科学研究和技术开发的科技人员普遍的人性角度看，其投稿动机与目的是基本统一的，即争取科技论文公开发表，将科研或业务技术工作中创新思想、创新成果或发明创造公布于众，追求社会或同行对自己的尊敬、好评和赞扬。但具体到某个作者，其投稿动机和目的并非如此单纯。在编辑看来，有的作者投稿的功利性一目了然，但也不能对作者付出的劳动与心血视而不见，写给这部分作者的退修信，其感情色彩主要应体现在正确引导上。作者的投稿动机和目的不同，强化退修信感情色彩的侧重面也应有所不同。

(二)缓解挫折对作者造成的心理压力

无论是退修或退稿，对作者而言，都意味着付出了较多时间和较大精力写成的科技论文不能顺利发表。在获悉科技论文需要作较大修改或不被录用的通知时，作者最初的心理反应可能是悲观沮丧和焦虑不安的。在写退修信时，编辑要将心比心，换位思考，设身处地替作者着想，真诚勉励作者不必灰心，坚定其继续修改或投稿的信心；然后，再如实指出论文需要修改或不能发表的原因，向作者适当讲解科技论文写作的特点和要求，并在科技论文写作方面为作者提供力所能及的帮助，这样才能从根本上缓解挫折对作者造成的心理压力，将挫折变成磨炼作者意志的机会。有了这样的想法和做法，退修信的感情色彩便自然凸现而出。

(三)激发作者写作科技论文的兴趣

丁肇中教授曾说过："任何科学研究，最重要的是要看对自己从事的工作有没有兴趣，换句话说，也就是有没有事业心。这不能有丝毫的强迫。……比如搞物理试验，因为我有兴趣，我可以两天两夜，甚至三天三夜呆在实验室里，守在仪器旁。我急切地希望发现我所探索的东西。"(高玉祥，1986)可见，强化退修信的感情色彩，最核心的就是培养和激发作者从事科学研究、撰写科技论文的兴趣，在字里行间流露出对作者的尊重、信任与鼓励，使之备受关注，尽力助其成就一番事业。

(四)帮助作者提高科技论文写作能力

编辑给作者写退修信，除了准确无误地传达专家审稿意见、直言不讳地指出文稿中存在问题之外，还有一个极其重要的责任，就是帮助作者提高科技论文写作能力：一是让作者(特别是初学者)多了解一些科技论文写作的基本知识，引导作者尽快入门，不断积累写作经验；二是让作者熟悉有关科技论文标准化、规范化方面的内容，投

递符合科技期刊格式要求的论文；三是根据作者的工作岗位和研究方向，向其推荐一些针对性强的范文；四是介绍一些提高投稿命中率的方法，使其在写作论文和投稿时少走弯路。总之，编辑应真诚对待和帮助作者，使之通过退修增强写作能力。

（五）慎重处理作者的反馈意见

有的作者在收到退修信后会有反馈意见，如何对待和处理作者的反馈意见，是对科技期刊编辑能否树立威信的严峻考验（宫福满，2004），编辑对此切莫等闲视之。尤其是对不同意见或批评意见的处理，最能反映编辑对作者的感情。因此，编辑对反馈意见要洗耳恭听、认真反思，虚心采纳作者的合理化建议，切忌对反馈意见充耳不闻、置之不理。正确的态度和做法：一是心平气和；二是真诚感激；三是有错必纠；四是及时回复。据说，国外科技期刊大多回信及时，而且非常负责（陶范，2004）。国外同行能做到的，国内编辑界同仁也一定要设法做到。

第五节　编辑向作者约稿的方式分类与适用性

稿件是科技期刊生存与发展的根本。稿件匮乏，期刊出版必然举步维艰；优稿不足，期刊发展自然停滞不前（张凯英等，2009）。当前，稿源竞争日趋激烈，促使我国科技期刊纷纷采取措施，不遗余力争取本学科专家学者支持，最大限度拓宽稿源、组织高质量稿件。向本学科专家、学者或优秀科研人员约稿无疑是最重要的组稿措施之一。约稿已成为众多科技期刊编辑出版工作的重中之重，如有的期刊在自由投稿大大增加时约稿仍占较大比例（李学军等，2010；林松清和张海峰，2011）。对于大多数科技期刊，约什么稿、向谁约并不是问题，但如何说服专家并将稿件顺利约到手才是值得深思和探讨的问题。联系近几年来国内科技期刊社或编辑部约稿实践，就常见的几种约稿方式的适用性进行了比较。

一、约稿方式分类与前期准备

约稿是编辑以商量口吻向受邀对象提出预定选题内容的过程和行为（李建军和刘会强，2010）。约稿的内涵系指，编辑部围绕期刊办刊宗旨，拟定出选题方向，依据期刊的不同时期、不同栏目、不同组稿对象等情况制订具有特色的组稿计划，编辑在这种明确的组稿计划的指导下有目的、有时间性、有针对性地组织稿件。约稿的外延有如下方式，即接触性约稿和非接触性约稿。前者包括当面约稿和电话约稿（实为语音接触），后者包括电子邮件约稿、手机短信约稿、委托第三方约稿。当面约稿又包括登门拜访、预约面谈以及在会议期间专程约稿等。其实，上述约稿方式也可归纳为狭义性约稿和广义性约稿两大类，委托第三方约稿就属于广义性约稿之列。然而，在约稿实践中，选择何种方式约稿，既取决于约稿人（通常为编辑）与受邀对象（包括专家、学者、学科带头人等）的关系以及对受邀对象相关信息的了解程度，也取决于约稿人的个人喜好和对各种约稿方式的熟悉程度。如《上海电机学院学报》编辑部充分调动编辑的约稿积极性，让编辑们各显神通，学报稿源很快出现转机，并日渐趋好（吴学军和赵卫星，2011）。

编辑在约稿前，应做一些必要的准备工作，利用各种途径尽量多地掌握受邀对象的相关信息，如通过网络搜索专家学者的个人博客，获知其参与的国家重点项目、基金项目，从而对其已发表的论文、正在从事的研究等有足够的了解（张文，2010）。前期准备工作还包括作为约稿人的编辑应做好心理准备，即编辑不仅要敢于约稿，还要善于约稿，平时自觉增强约稿意识、锻炼人际交往能力、掌握一些约稿技能等。

二、接触性约稿

（一）当面约稿

当面约稿是指约稿人向受邀对象面对面表达约稿意向，详细洽谈约稿事宜。这种约稿方式适合于熟人，如约稿人的老师、同学、朋友、从前的同事、曾约过稿的专家等。约稿人与受邀对象直接面对，要做到一见如故、谈吐自如，殊是不易。只有才思敏捷、善于应变、进退有度的约稿人，才能在当面约稿时占据主动，避免唐突和尴尬，给受邀对象留下深刻印象。

当面约稿特别考验约稿人的口头表达能力，口才好、善应变的编辑才能应对自如。此外，编辑当面约稿时应注意：（1）仪表庄重，尽量做到衣着得体、谈吐自然、谦虚谨慎、不卑不亢。（2）要有自信心，不因自己刊物知名度不高、影响力不大而退缩，要理直气壮宣传自家刊物，以恭敬与谦逊的态度赢得专家的信任和支持。（3）切忌质问，受邀对象可能答应撰稿，也可能出于种种原因婉言拒绝或直接拒绝，很多专家一般都有几家固定的投稿刊物，或是国外期刊，或是国内某些大刊，对于一般刊物的约稿请求，有些专家会毫不客气地拒绝，面临此种尴尬情形，如果咬住拒绝原因穷根究底，只会让受邀对象反感。（4）留有余地，即便当约稿遭拒，也要用微笑结束与受邀对象的谈话，便于为今后再约做铺垫（马兰兰等，2011）；即便此次约稿无望，也要摆正心态，设身处地换位思考，多加体谅，或请受邀对象另外推荐合适的撰稿人。

（二）电话约稿

电话约稿是指约稿人通过电话向受邀对象表达约稿意向，洽谈约稿事宜。以这种方式约稿，快速，省时，便捷，成本低廉；在实际采用电话约稿时，约稿人应把握交际话语的主动权，掌握约稿的火候和题旨情境（李建军和刘会强，2010）。电话约稿适合于熟人，考虑到受邀对象平常工作忙、时间宝贵，约稿人应注意在电话交谈中做到言简意赅、避免废话、少寒暄，除非受邀对象饶有兴趣、愿意多说。

按先后顺序，电话约稿宜分4个步骤：(1) 向受邀对象问好并表示歉意；(2) 自报家门；(3) 请求受邀对象给予帮助或支持；(4) 告知约稿内容和具体要求，并承诺给予对方哪些回报。电话约稿实践中，在第三步结束后应有停顿，以便让受邀对象说话，此时受邀对象一般会问约稿人有什么事，然后，顺理成章进入第四步。如我采用的电话约稿方式是："×××教授，您好，打扰了！我是武汉暴雨研究所《暴雨灾害》编辑部的王银平，此次给您来电话，有一事想请您关照(或支持)。……(当受邀对象同意后，再谈约稿事宜)。"

采用电话约稿，应尽量避开节假日、午休和睡眠时段，宜选择在上班时间，最好选择座机通话，不宜拨打手机；另外，不能操之过急，隔三差五打电话催问，这样很可能适得其反。

三、非接触性约稿

(一)电子邮件约稿

电子邮件约稿是指约稿人向受邀对象发送电子邮件，表达约稿意向，洽谈约稿事宜。这种约稿方式适合于各种受邀对象，因其较为正式，多以约稿函的形式呈现。采取这种方式约稿，其成功与否，约稿函有没有吸引力、能否打动受邀对象是关键。

多年来，我针对不同受邀对象精心编制了相应的约稿函。如针对经常在大气科学类学术期刊上发表论文的青年才俊，其约稿函范例是："×××专家，您好！从近期《气象》《气象科学》等刊物上看到您发表了多篇论文，本刊编辑钦佩您的学识、才华与文笔，特致函向您约稿。恳请您就××地区暴雨的有关气候特征进行研究并撰写一篇5000～8000字的学术论文，当然也可接受其他合适选题的论文。稿件一俟收到，立即呈送专家评审；若能通过专家评审，本刊承诺将此稿安排在最新一期《暴雨灾害》上发表，且不收取版面费，稿费从优。未尽事宜，欢迎通过电话或电子邮件与本人联系。"

再如，针对在学术研讨会现场认识的专家，其约稿函范例是："×××首席，您好！能在四川峨眉山召开的这一届'一院八所年会'上认识您，我感到非常高兴。从与您短暂的接触中，我感受到您是一位谦虚热忱、待人坦诚、善于总结的预报专家。交谈中，知道您平时不仅要承担大量预报业务，还抽出时间来做研究、写论文、参加学术会议，这让我对您更加敬佩。《暴雨灾害》是一份发展中的学术期刊，希望能经常得到您这样的预报业务专家的支持，请惠稿(选题自拟)并保持联系。欢迎有机会来武汉暴雨所做客并指导工作。"

电子邮件约稿的弊端是不够直接，容易被人当成垃圾邮件删掉，或者看过之后没有了下文。另外，约稿函不宜采用群发方式，那会让受邀对象感到不受尊重，甚至反感。同时，邮件中的约稿函，最好写清楚相关要求，如稿件完成时间、论文格式、插图数量等。

(二)手机短信约稿

手机短信约稿是指约稿人向受邀对象发送手机短信，表达约稿意向，洽谈约稿事宜。这种约稿方式适合于相对较熟识的人。该约稿方式快捷、方便、稳妥，颇具人情味。如果预先与约稿对象有口头约定，采用手机短信约稿其效果更佳。如向约稿对象催问稿件，不妨发出这样一则短信："×老师，您好。想问一下，您前不久答应给予本刊支持的那篇约稿，现在是否准备妥当。切望近期赐稿为盼。谢谢!"

现在人们一般是手机随身带，手机短信约稿具有即时性和连续性的特点，既可避免电话约稿过多寒暄或话不投机，也可避免电子邮件约稿长久等待或杳无音信。如本刊一位编辑曾向南京某大学一位教授约过一篇稿，在约稿函发给该教授数月一直无回音的情况下恳求我帮助。我随即发出手机短信："×老师，您好。好久未联系，听说我们编辑部小×去年向您约了一篇稿件至今未收到，不知何因，恳请继续支持，好吗?! 我们工作中难免存在瑕疵，还请指正为盼。"该老师回复："前一段时间单位工作特别忙，最近又生病住院，稿件的事无暇顾及，见谅。"笔者再发短信："身体好等于一切都好。文章的事不着急。等您身体调养好了再处理吧。祝您早日康复。"该老师回信："谢谢。等我身体好点就着手准备。不好意思，让你们久等了。"后来，该教授的约稿如期而至，并在《暴雨灾害》上发表。

(三)委托第三方约稿

委托第三方约稿是指约稿人委托第三方向受邀对象表达约稿意向，洽谈约稿事宜。这种约稿方式适合于约稿人向不熟悉但慕名已久的专家、学者约稿。编辑有时受资历浅、交际面窄、学识水平不高、公关能力欠缺等条件限制，很难约到急需的、高质量的名家稿件；如果转换思路，委托有能力的第三方来约，也许会"柳暗花明"，获得意想不到的效果。

老师、同事、朋友、单位领导、编委等都是较为合适的第三方约稿人。作为学科负责人的编委会成员，在他们周围聚集着大批优秀科技精英，由此构成一个巨大的精英网络，他们是产出高水平文章的主要来源(张文，2010)。编委应成为第三方首选，他们不仅对本学科、本专业领域的同行较为熟悉，还对学科发展和研究现状有较多了解，委托他们约稿往往能事半功倍。如《暴雨灾害》杂志，坚持"求新求快"的办刊理念，密切关注各地暴雨事件或其他极端灾害性天气事件，一旦有稿件需求，便主动联系当地编委并向其约稿，多数编委都能通过自己的人脉关系完成编辑部委托的约稿任务。

四、约稿方式的灵活应用

约稿是一种融入个人情感因素与智力因素的创造性劳动。在约稿实践中，既可采用单一约稿方式，也可多种约稿方式并用。无论采用单一或组合约稿方式，约稿人都应切记：树立自信心，认真对待，大胆尝试，掌握约稿主动权（廖肇银，2000）；自觉培养亲和力、人格魅力、个人修养；增强公关能力，提高交际水平，多宽容，多理解，常怀一颗感恩之心，只有妥善处理与作者的关系，才能不断获取好稿件（卢佳华，2008）；实事求是，三思而行，量力而行，审慎而行。当然，要真正提高约稿成功率，除灵活应用各种约稿方式外，更重要的是确立正确的约稿思路，如西安交通大学学报（医学版）"专家述评"栏目的约稿思路转变（卓选鹏和赵大良，2012），就值得借鉴。

第六节　编辑向作者约稿的后续服务

当前，稿源竞争日趋激烈，约稿已成为众多科技期刊社（或编辑部）求生存、谋发展最重要的对策之一。稿件约到手并不意味着约稿工作就结束了，约稿人（专指科技期刊编辑）如果满足于做成"一锤子买卖"，必然会使约稿对象（包括业内专家、名流或新秀等）对该期刊丧失投稿热情乃至信心，还可能造成科技期刊声誉受损，进而加剧优秀稿源的流失。实践证明，后续服务是约稿工作的延续，约稿工作也需要后续服务来巩固。强调做好约稿后续服务，目的是着眼长远，以图下回再约；要点是在服务细节上动脑筋、在服务质量上下功夫。基于从事《暴雨灾害》编辑出版工作的经历，结合其他科技期刊的相关经验，提出如下五项做好约稿后续服务的具体措施。

一、特稿特办，优稿先审，缩短审稿周期

约稿的审稿周期最能反映约稿后续服务质量。目前，大多数科技期刊都采用了稿件采编系统，审稿流程大致包括编辑初审、同行专家复审、反馈专家审稿意见、退回作者修改、主编（编委会）终审等环节。唐耀（2011）撰文反映，国内知名科技期刊的审稿期大都在数月至半年，甚至达到一年。如果约稿的审稿期也要一年半载或更长，就与自然来稿无别，这显然不利于今后的约稿工作和不断吸引优质稿源。自然来稿或约稿，审稿流程并无区别，但要缩短约稿的审稿周期，只能通过强化约稿后续服务来实现。

一方面，编辑部对约稿特别是重要约稿，要敢于"开绿灯"，允许"特稿特办""优稿先审"。约稿一旦到手，要在第一时间安排编辑初审，对延期初审"零容忍"。我曾在2013年9月上旬向广西一位业内资深首席预报员约了一篇稿件，收到其初稿时正值"十一"长假前夕，我丝毫不敢懈怠，马不停蹄，加班加点，对这篇约稿进行了认真初审，并将初审意见从网上发给作者后再以短信通知作者。"没想到你们的工作效率这么高，我非常感动。你们悉心为作者着想，令人钦佩，特致敬意。谢谢！"这是该作者在长假后上班的第一天给我发来的一条热情洋溢的致谢短信。可见，第一时间对约

稿进行认真细致的编辑初审，展示给约稿对象的是一种雷厉风行的工作作风和作者至上的服务态度，必然给作者留下深刻印象。

另一方面，约稿人要设法让同行专家按时审回稿件。让同行专家按时审回稿件是所有审稿流程中编辑较难把握和最希望加速的一个环节。首先，遴选合适的审稿专家。可从编辑部已建立的审稿专家库中挑选，也可从该稿列出的参考文献作者中挑选本学科领域具有较高学术造诣的专家作为审稿人，还可请约稿对象推荐数名审稿人，再从中谨慎挑选。其次，提醒审稿专家及时收稿。在稿件采编系统给审稿专家发送审稿函的同时，编发与审稿函内容类似的、更简洁的手机短信，恳请审稿专家收到短信后回复。如果审稿专家一两天内未予回复，再电话告知，这样就能避免审稿专家不能及时收稿而延误评审。最后，强化稿件采编系统的功能，督促评审专家按时返回审稿意见。评审专家往往不能按时返回对约稿的评审意见，这是一件令约稿人深感棘手的问题。《华南理工大学学报(自然科学版)》的做法值得借鉴，他们在采编系统中将专家审稿时间设置为 3 周，并在审稿通知中写明审稿意见按时返回的日期，当系统日期到了"希望审回时间"，若审稿专家还未提交评审意见，系统自动给专家发送催审通知，自动催审后 1 周内倘若还没收到专家评审意见或回复函，编辑立即改送其他专家审稿(许花桃等，2010)。不过，我个人认为，在改送其他专家审稿前，编辑不宜过于性急，最好能征询原审专家的意见，以留下回旋余地。

二、查漏补缺，锦上添花，认真做好初审

尽管约稿的学术质量和写作质量相对较高，但作为约稿人的编辑，也不应止步于稿件约到手后直接让其进入专家评审环节，而放弃或轻视初审。初审是编辑必须履行的重要职责之一。在编辑工作实践中，编辑必须对直接从创作者而来的思想成果进行适当的整理、编修、辑佚，从而使之更顺利便捷地为社会读者所接受(姚弘芹和曾华锋，2009)。诚然，约稿对象的理论水平、学术素养、专业能力是约稿人难以企及的，但编辑在论文格式规范、结构编排、图表美化以及语言文字感悟和处理上具有优势，这决定了编辑在提高约稿质量上可以并能有所作为。

我在工作中注意到，有的约稿对象可能对约稿意图并未完全理解，或出于人情以欠成熟稿件或自己所带学生的稿件应付，或在编辑部再三催促之下匆忙草就或其他原因，都会造成约稿中的瑕疵(与学术质量无关)，如上下文逻辑关联不紧、过渡照应缺失、插图质量不高、表达不严谨以及口语化、笔误等问题。因此，对待约稿，初审往往比对自然来稿要更严格、更仔细、更谨慎。只要约稿人尽职尽责、认真细致，完全有能力将约稿中的瑕疵尽数消除。尽职尽责做好初审工作，最能显示约稿后续服务的水平，初审不仅是查漏补缺，还可以"锦上添花"，如果说约稿过程体现的是编辑的情商与涵养，那么，编辑的智商与学养则需要通过初审来体现。

值得一提的是，即使约稿人在初审时对稿件的规范和润色付出大量卓有成效的

服务，也不宜主动向约稿对象“表功”或“诉苦”，如果约稿对象体察到了稿件经编者之手后质量的改观，一般都会在适当的时候以适当的方式真诚地、发自内心地对编辑的劳动表示感激，如打电话、发短信、发邮件或委托他人转达等。

三、以最短时间、在最近一期刊物上给予优先发表

稿件能否得到编辑部认可并尽快发表是作者最关心的问题。帮助作者了却心愿的最佳服务措施，无疑是以最短时间、在最近一期刊物上对其稿件给予优先发表。何况，用最快的速度让新理论、新技术、新观点与读者见面，是吸引优秀文章，逐渐使编辑部具有较强竞争优势的有效方法之一（唐耀，2011）。

以最短时间、在最近一期刊物上优先发表约稿，编辑部应妥善处理以下事宜：第一，不因主编工作繁忙而耽误稿件终审，约稿一旦通过同行专家评议，就应将其纳入“快速通道”或“绿色通道”，及时提交主编终审后优先发表。第二，严格遵守约定、决不食言，对预先有约定的约稿，承诺什么时间、哪一期发表，就要设法兑现；即使万一因特殊情况而不能兑现承诺，除了及时告知稿件延期发表的原因之外，还要真诚道歉，求得约稿对象的谅解，并给出万无一失的新承诺。第三，不因发表费影响约稿优先发表。科技期刊大多收取论文发表费，而且随着刊物“级别”提高，发表费数额也相应提高（付春玲，2007），这对无课题经费资助的约稿无疑是一种不小的负担。从吸引优质稿件的角度出发，对这类稿件一律免收发表费。尤其对非品牌科技期刊来说，名人名家稿件无疑是稀缺资源，其稿件投到别的刊物照样不难发表，只有让约稿对象切实感受到给予约稿相较自然投稿的特殊服务，约稿对象才可能乐意接受编辑部的下次约稿。

四、采用弹性标准，提前支付稿酬

对约稿实行优稿优酬，既是对作者劳动的尊重和劳动价值的肯定，也是对知识产权的保护，有利于吸引高水平作者并优化稿源，从而有利于扩大刊物的知名度和影响力，提高刊物质量并促使其可持续发展。如《家庭医生》《手机维修》等广东名刊，通过实行优稿优酬，不仅期刊质量均有了长足提高、期刊订数上扬、经济效益增长，而且创出了品牌（王桂珍，2008）。约稿既为优稿，理应优酬，这体现在两个方面：

一是采用弹性稿酬标准。基于专家对约稿的综合评审意见，基本可判断作者付出的劳动以及稿件价值和预期的社会影响，若综合评审意见为“可发表”“修改后发表”“修改后再审”，约稿的质量依次降低，其稿酬标准应有区别，对高质量约稿的稿酬可相应提高。

二是提前支付稿酬。约稿多来自专家、名流或新秀，他们一般不看重物质利益，但编辑部仍可在稿酬支付的提前度上“做文章”。提前支付稿酬，具体说，既可在签订

约稿合同或达成口头约稿协议之前预付，对信得过的约稿对象尤其是那些治学严谨的大家，只要其答应撰稿，就可先期支付一定数额或全额稿酬，也可在稿件通过同行专家评审之后支付，如果专家评议意见是“可发表”或“修改后发表”，在转达这一审稿结果时顺带支付稿酬，还可随作者校对论文清样时向约稿对象支付稿酬。

对约稿采用弹性标准、提前支付稿酬，其作为一项服务措施，实行起来并不难，关键是如何落到实处。为此，一是依法办刊，严格执行《著作权法》和国家版权局《出版文字作品报酬规定》中的相关规定，切实保障作者获得稿酬的权利，杜绝少支付或晚支付作者稿酬的做法；二是改变以往稿酬支付“一刀切”的模式，代之以优稿优酬市场化运作模式，适时引进适合市场经济的稿酬机制（徐云峰等，2012）；三是加强编辑部内部管理，本着以人为本、彰显人情味的服务理念，完善稿酬结算与寄发制度，确保约稿作者的稿酬提前到位。

五、及时请作者自校清样和赠送样刊

及时请作者自校清样也是做好约稿后续服务的一项重要措施。作者自校清样，不仅可发现排版中的错误或遗漏，还可对编辑在稿件内容、格式、逻辑、标准化等方面所做的修改再作斟酌，编辑部理应为作者自校清样提供细致周到的服务。《暴雨灾害》编辑部的做法是，通过稿件采编系统或电子邮件将三校稿制成 PDF 电子清样发给作者，同时建议作者在审阅清样稿发现问题较多时，就直接打印出纸质稿并对其更正后邮寄回编辑部；若改动不大，作者只需采取电话或网上回复，不必邮寄纸质清样稿，但需要对修改内容、修改位置、如何修改交待清楚，并提供文字依据。另外，需提醒作者，为保持版面完整和美观，若无原则性问题，尽量不使稿件内容增删量过大。不过，有的约稿作者在自校清样时，对编辑在稿件中所做的有关规范化处理并不理解甚至抵触，面对这样的作者，编辑更要诚恳、谦逊、宽容，耐心解释，避免发生口角，通过彼此间交流与沟通消除分歧（柯文辉等，2013）。

样刊是作者劳动心血和科研成果的见证，作者收到了样刊才是一次约稿过程和行为的终止。作者从知道自己的论文可以发表后，就必然有一个期盼和等待的过程，只有见到了样刊，心里才有一种踏实感、满足感和成就感。科技期刊赠予作者当期样刊是一种约定俗成的行业惯例，承载着作者的期待、收获、荣誉、寄托等太多精神需求；赠予样刊不仅是科技期刊编辑出版工作的重要环节，也是与作者沟通的重要渠道，可以拉近办刊人与作者的关系，增强科技期刊的亲和力和凝聚力（刘玮等，2008）。对约稿而言，赠送样刊意义重大，更要服务到位：一要快，尽量替作者办理特快专递；二要全，保证给约稿中每个署名作者都寄送当期样刊，一个也不遗漏；三要回访，样刊寄出后，立即发短信告知作者注意查收，数天之后预计作者可能已收到，再发短信或打电话给作者询问是否收到，若其仍未收到，承诺再寄。这些细节，既表明编辑部认真负责的态度，也体现出不厌其烦、细致入微的服务热诚。

六、约稿后续服务心得

上述约稿后续服务措施，做起来并不难，难的是做好做细。时刻准备为约稿对象提供细致入微的人性化服务应成为科技期刊编辑的良好职业习惯，这种习惯的养成，除了需要努力践行上述具体措施以及健全服务制度之外，还要有强烈的服务意识和明确的服务思路。有了这种习惯，做好整个约稿服务工作也会得心应手。

第六章 气象科技期刊发展分析

自改革开放以来，我国气象科技期刊发展迅速，取得了业内有目共睹的成绩，但其整体质量不仅与发达国家存在较大差距，也与当前我国气象科研、业务、服务发展水平以及广大气象科技工作者的需求不相适应，因此，加快提升我国气象科技期刊的国际影响力与核心竞争力是助力我国气象科技发展和学术技术创新、更好地服务气象科技创新体系建设和气象科技工作者的必然要求。然而，气象科技期刊的发展离不开我国科技期刊整体发展的大环境，无论是气象科技期刊管理者还是办刊人，都必须密切关注我国科技期刊整体发展现状与趋势，及时审视当前气象科技期刊格局与定位、调整办刊思路、重新制定办刊策略，顺应新时期我国科技期刊发展环境和趋势，不断缩短与发达国家气象科技期刊的差距，迎来自身更大的发展空间。

第一节 近四十年我国科技期刊编辑办刊理念的变化与启示

改革开放四十年余来，尤其是从 1987 年新闻出版署成立到 1996 年国家出版行政部门对出版物实行“控制数量，提高质量”策略和实施精品战略以来，我国科技期刊迅速步入健康、稳步发展轨道，同时进入由数量增长到质量提高的新阶段，其学术质量和编辑出版质量不断提高（周立君和侯贵卿，2006；杜大力，2009）。各类科技期刊，包括气象科技期刊，在获得前所未有发展机遇的同时，也发生了一系列重大变化。其显性变化主要表现为：科技期刊学术质量、编辑质量大幅提升；办刊设施现代化；出版周期缩短；编辑人员综合素质明显提高，学历层次升高，专业水平学者化，知识结构多元化，具有大学本科、硕士或博士学历的新人不断充实到编辑岗位（缪宏建，2006）。这些变化显而易见，而办刊理念作为一种隐性变化则不易觉察。近四十年来，我国科技期刊编辑办刊理念发生了四大变化。

一、角色理念由“幕后”到“前台”

编辑是科技期刊的办刊主体，其追求事业成功、获取职业荣誉、实现人生价值都必须建立在对自身角色理念的初期认知和持续强化上。这种认知和强化具有鲜明的时代特征,我国科技期刊编辑的角色理念在近四十年的办刊实践中悄然改变,即从“幕后”逐渐走到“前台”。

(一)以当“幕后英雄”为荣

编辑工作是一项政治性、思想性、科学性、专业性很强的工作,也是一种艰苦细致的创造性劳动。改革开放之初,绝大多数科技期刊编辑非常习惯于“幕后”案头劳作和加班加点,以“幕后英雄”自喻,工作脚踏实地、任劳任怨,作风严谨细致、精益求精,不为艰苦、辛苦、清苦所忧,不被物质、金钱、名利所诱,立足岗位,以发现作者、扶持作者、帮助作者成长和进步为荣,甚至显出几许清高。这一时期的科技期刊编辑普遍认为,一个称职的、诚实的、高尚的编辑应当自觉自愿“为人作嫁衣裳”、做“人梯”、当“铺路石”,这作为当时无可争议的编辑角色理念被大多数编辑认同。这种甘愿将自己隐藏在“幕后”的角色理念与角色定位,不仅反映了当时社会文化对科技期刊编辑人生观和价值观的影响,而且反映出编辑身上普遍具有的敬业爱岗、克己奉公、默默奉献、不计得失的职业操守。

(二)“前台”意识的觉醒与激发

20 世纪 90 年代初,随着社会主义市场经济理论的提出和市场经济体制的不断完善,我国科技期刊编辑办刊理念与时俱进,其显著特点是作为办刊主体的编辑逐渐从“幕后”走到了“前台”。原《北京师范大学学报(自然科学版)》主编陈浩元就主张“做好编辑匠,争当编辑家、出版商”(宫福满,2006)。这种“前台”意识的觉醒和激发,必然影响到编辑的职业观念,集中体现在编辑人格重建、需求多元化、成就感树立以及个人价值实现等诸多方面:一是既注重科技期刊的社会效益和经济效益,也期望在工作中发挥聪明才智而获取更多个人合理所得;二是既注重期刊竞争力的打造和培育,也注重自身知识结构更新与综合素质提高;三是既注重编辑工作手段现代化和工作环境舒适化,也注重提高自身的工作质量和工作效率;四是既注重与期刊团队融为一体、共同壮大期刊团队实力,也注重个人专长和能力的张扬;五是既注重期刊品牌创建以及期刊知名度、影响力、关注度提高,也渴望通过出色的工作表现获得社会的承认和赞誉。在新的时代背景下,科技期刊编辑顺应新的潮流,不断尝试用新的思想塑造新的社会角色,“前台”意识让编辑们不满足于只做编辑匠,有编辑同人撰文鼓动科技期刊编辑应从“科学守门人”“科学中介人”“科学经纪人”3 个方面全面提高自己(姬永成和石荣,2008)。

二、工作理念由被动到主动

随着我国科技期刊之间的竞争越来越激烈,科技期刊编辑的危机感明显增强,工作压力普遍增大,促使编辑的竞争意识、责任意识、服务意识、团队意识以及求知欲全面提升,其办刊理念反映在编辑出版工作中的突出特点是从以往被动办刊转向新时期的主动办刊。

（一）主动担当社会责任

科技期刊编辑出版工作是国家科技事业的重要组成部分，承担着传播学术知识、交流学术成果、促进科技新成果转化、培养科技新人的社会责任感，并通过自身搭建的信息平台，对人们的思想观念、对国家经济和社会发展产生正面影响，这一切都需要依靠编辑劳动来实施（雷琪，2008）。伴随着改革开放的进程，科技期刊迎来了前所未有的发展机遇，编辑有了充分履行社会责任、展示职业风采、奉献聪明才智的大好机会。面对这样的机遇和机会，科技期刊编辑立足岗位，着眼未来，从国家科技进步和学术繁荣的大局出发，主动担当起更多的社会责任，严格执行国家标准，认真履行办刊宗旨，不断提高期刊的学术品位和质量，努力发挥其在知识生产、信息传播、学术交流中的重要作用，更好地为广大读者和作者服务。出于崇高的社会责任感，编辑以满腔热忱投身到我国欣欣向荣的科技出版事业之中，其工作理念富有强烈的现代气息和时代烙印。

（二）主动关注办刊中的现实问题

在科技期刊品牌竞争及其市场竞争日趋激烈的大背景下，科技期刊编辑为了适应新时期期刊发展和编辑岗位的现实需要，一改过去“吃皇粮”体制下较少关注期刊生存、做强做大、长远发展、国际化等重大问题，摒弃以往被动思考问题的习惯，不断增强主动分析问题、解决问题的工作责任感；从“没有思路便没有出路”“细节决定成败”“机会总是偏爱有准备的头脑”等朴素真知的领悟中总结经验与教训，从以往条条框框的思维束缚中解放出来，从按部就班到主动创新，从墨守成规到积极策划，从安于现状到积极进取，无不渗透科技期刊编辑主动关注现实办刊问题的工作理念。

（三）主动适应现代办刊方式

我国改革开放之初，编辑工作几乎都用手工完成，如编辑要在作者的手写稿上用红笔进行编辑加工，在印刷厂打出各次校样后要逐校次、逐篇、逐字校对和修改，这在很大程度上制约了编辑的工作效率。随着现代信息技术的迅速发展，编辑工作方式日趋现代化，不仅稿件接收和退修可在网上进行，编辑、排版、校对等工作流程均可通过引进相应的专业软件来完成。工作方式日趋现代化，促使从烦琐手工操作中解脱出来的编辑必须面对新的办刊环境，转变工作理念，如编辑学者化、精品战略、创意与策划、与国际接轨、大数据时代媒体融合发展等，都对编辑的办刊理念带来了深远的影响。

三、服务理念由淡薄到浓厚

改革开放之前，我国科技期刊出版一直由国家财政包揽，靠行政命令发行，编辑编什么，读者看什么，编辑出版活动不以“读者为中心”，更多的是从主办单位的利益出发，以编辑部为中心，只管出版，不管读者，服务理念淡薄（赵中波和辛均志，2008）。改革开放以来，科技期刊市场化进程加快，品牌竞争日趋激烈，各刊社审时度势，不断强化服务理念，以将期刊办成社会效益与经济效益完美结合的“双效”期刊、读者和作者都喜爱的“双爱”期刊作为最高追求（游苏宁，2005）。经过多年实践，科技期刊服务理念日趋浓厚，集中表现在服务越来越人性化上。

（一）为读者服务热情周到

在编辑出版活动中，各刊社不断强化读者意识，以读者为主体，牢固树立用科学精神激励读者、用科学文化滋润读者、用科学进步引导读者的面向读者需求的办刊思想，心中想着读者，尊重读者意愿，在为读者服务尽量做到热情周到方面各显其能（孙群和汪海英，2008）。不少期刊以提供给读者科学、新颖、实用、优良的知识与信息为办刊出发点，如设立专栏，对读者进行业务培训；也有期刊，如《中华内科杂志》等，为节约读者时间，每期首页开辟《本期导读》（游苏宁和石朝云，2008）。当前，各刊社正是以赢得读者作为期刊生存和发展的基础，通过读者对科技期刊的认可、参阅和利用，实现办刊宗旨，最大限度地发挥科技期刊的社会功能。

（二）为作者服务无微不至

作者是出版业的第一资源，为作者服务是编辑的天职（赵海霞和郭开选，2006）；因此，编辑首先要搞好与作者的关系。办刊实践证明，科技期刊之间的竞争实质上是为获得一流作者的竞争，谁得到一流作者的支持越多，谁就拥有生存与发展的先机。这决定了科技期刊必须坚持将作者作为一种决定期刊质量、影响期刊品位、左右期刊知名度的公共资源来看待，认同他们是新理论、新技术、新发现以及高质量稿件的源泉，作者的科研成果和劳动必须受到尊重，树立“作者至上”“视作者为上帝”的观念（王银平，2002b）。不少期刊在稿件编辑出版每一环节尽量想作者之所想、急作者之所急，无微不至地为作者服务，如对优秀论文开辟“论文发表快速通道”，还有许多期刊采取各种方式给予作者技术指导，帮助其提高科研能力和科技写作能力（梁丽和张洋，2008；谢贞等，2008）。近十年来，科技期刊编辑的人性化服务理念不断发扬光大，不仅体现在为科学家或广大作者无微不至的服务中，还体现在为科学家开展科研活动和确定研究方向的服务中（游苏宁，2008）。

四、经营理念由排斥到认同

改革开放初期，我国科技期刊实行的是行政事业管理下的运行机制，办刊经费几乎全部来自主办单位的拨款；作为科研成果信息载体的科技期刊，读者面窄，发行量小；办刊只强调社会效益，几乎不考虑经济效益。编辑从业人员在业务工作中基本不涉足经营问题，也非常看好并满足于“吃皇粮”的行政事业管理体制，对来自上级主管部门和主办单位的经营呼声和要求持排斥态度。随着我国社会主义市场经济体制的建立和完善，科技期刊被当作一种特殊商品，这决定了科技期刊必须面向市场，将社会效益放在首位，实现社会效益与经济效益的最佳结合。

科技期刊面向市场之后，不少刊社先后改制实现企业化管理，企业精神、企业文化、企业战略、企业营销等经营理念逐渐被编辑所接受和认同。如《汽车电器》杂志将市场营销理念融入编辑日常工作，按照市场竞争原则要求，培育自身“核心竞争优势”，在读者心中树立“不可替代”或“不愿替代”理念，以此发展了一批“忠诚读者”(姚悦，2008)。在许多刊社，一些具有胆识与气魄的编辑率先以前所未有的开拓精神将经营理念付诸办刊实践，并获得了巨大成功。如十多年前的《中国药房》杂志社，就通过由编辑型向编辑经营型方面的转变，经过十二三年艰苦奋斗，不仅不需要任何财政投入，还拥有了 3 000m^2 以上现代化办公房以及上千万元资产、3 家控股公司和 1 家参股公司(马劲，2004)。特别是近年来，国家加大了对重点科技期刊的扶持力度并实施了“科技期刊精品战略”和“中国科技期刊国际影响力提升计划”，我国科技期刊领域涌现出一批具有国际影响力和核心竞争力的科技期刊。

科技期刊编辑的经营理念一旦形成并付诸办刊实践，就给其办刊理念注入了新的元素、新的内涵和新的活力。在市场经济条件下，编辑不仅要切实履行编辑职责，以不断提高刊物质量为己任，还要具有牢固的市场观念、较强的经营能力和较高的管理水平，以便为期刊积累资金，改善办刊条件，改善自身福利待遇，增强刊社凝聚力。通过市场多年的摔打、磨炼与洗礼，伴随对经营理念从排斥到认同，一大批懂办刊、会经营的优秀编辑迅速成长起来。

五、启示

对近四十年我国科技期刊编辑办刊理念四大变化的总结性回顾发现：在科技期刊品牌竞争和市场竞争日趋激烈的大背景下，广大科技期刊编辑既面临巨大挑战，也面临大好机遇。科技期刊编辑只要拥有大胆张扬走向“前台”的角色理念，充分践行主动担当社会责任的工作理念，全面彰显浓厚的人性化服务理念，牢固树立面向市场的经营理念，才能适应新时期科技期刊发展和编辑岗位的现实需要。

为了实现自己的人生价值，科技期刊编辑应立足岗位，着眼未来，从以下 10 个方向去努力：(1) 可以不是业内专家，但一定要努力成为知识杂家；(2) 可以不是资深学者，但一定要努力成为稿件鉴赏家；(3) 可以不是学术权威，但一定要努力成为编校质量把关人；(4) 可以不是高级顾问，但一定要努力成为主编或社长的好帮手；(5) 可以不是计算机技术高手，但一定要努力成为操作能手；(6) 可以不是职业慈善家，但一定要努力成为作者和读者的贴心人；(7) 可以不是心理大师，但一定要努力成为善于与作者、读者沟通的情感信使；(8) 可以不是情报行家，但一定要努力成为掌握最新学术动态的信息强手；(9) 可以不是公关经理，但一定要努力成为编辑活动家；(10) 可以不是企业老板，但一定要努力成为经营内行。

第二节　非核心气象科技期刊生存发展问题与对策

近十年来，我国气象科技快速发展、气象科学研究领域进一步拓展，为气象科技期刊发展带来了大好机遇。然而，机遇面前，各地各级气象科技期刊发展极不平衡，两极分化严重，核心气象科技期刊呈现的蒸蒸日上繁荣景象与非核心气象科技期刊日趋举步维艰的落魄窘况形成鲜明对比。与国内同类核心期刊相比，数十种非核心气象科技期刊在刊物整体质量、影响力、知名度上都存在差距，且差距越来越大。因此，非核心气象科技期刊主办单位和编辑部只有正视这种差距，强化忧患意识和危机意识，冷静思考刊物出路，及时调整办刊思路，不断积累办刊经验，才能在同类期刊竞争越来越激烈的大环境下为自己的刊物谋得应有的生存发展空间。

一、我国气象科技期刊的现状

（一）种类齐全、专业层次分明、布局广泛

随着我国气象事业不断发展及气象科研业务实际需求日益增长，气象科技期刊数量不断增加，尤其是20世纪80年代增长最快，90年代增长率开始下降，这与我国科技期刊发展总体趋势一致。整体上看，我国已形成种类齐全、专业层次分明、布局广泛的气象期刊体系（袁凤杰和李耀先，2005）。目前，我国气象科技期刊有50余种，省（市）级气象部门除海南、北京、天津、上海外，基本上都办有一份气象期刊（王君和王魁山，2008）。其中，公开发行的国家级气象期刊有10多种；公开发行的省级气象期刊19种；其余均为内部资料。至此，我国气象科技期刊已形成学术、技术、综合、科普等种类齐全，中央、地方层次分明的格局。

（二）期刊学术质量参差不齐

气象科技期刊数量多，发展不平衡，学术质量参差不齐。有的瞄准世界科技发展前沿，准确定位，凸显特色，充分发挥编委会作用，加强作者队伍梯次培养，拥有丰富的稿源和作者资源，期刊学术质量领先，在气象行业内享有较高声誉，如《气象学报》（中、英文版）、《大气科学》、《大气科学进展》（英文）、《热带气象学报》（中、英文版）等。同样是这些期刊，抓住气象事业是科技型社会公益事业的科学定位以及各级气象部门积极落实国家创新驱动发展战略要求的有利时机，不盲目模仿，勇于创新，根据气象各学科的发展特点，确立办刊方针，坚持办特色期刊，已形成了一定的国际影响。而有的面临日趋激烈的稿源竞争，危机意识、责任意识、服务意识和竞争意识不强，选题缺乏策划，约稿瞻前顾后，组稿措施不力，作者群建立培养未引起足够重视，以致稿源不足、用稿质量差、学术影响力下滑。

(三)发行量不大

我国气象期刊发行量均不大,多则数千份,少则几百到 1000 份。其原因是多方面的,主要有三:一是气象科技期刊专业性强、读者面窄,发行范围存在局限性;二是我国气象科技期刊编辑部规模小,多则 4～5 人,少则 1～2 人,编辑人手短缺,无精力顾及发行,更不可能由专人承担发行;三是出版周期过长,多数为季刊和双月刊(仅《气象》和《Advance in Atmospheric Sciences》2 种为月刊)。尤其是一些季刊因科研成果传播相对滞后,往往不为读者看好,读者更愿意订阅核心气象科技期刊作为获取所需信息的渠道。

(四)经营活动尚未展开

气象科技期刊为社会带来的巨大财富远远超过期刊自身收益,其价值不能仅从发行量及自身经济收益来衡量,但其发行量小、经济收益上不去也是不争的事实(林丽珊等,2006)。气象科技期刊专业性强、读者面窄、发行量小,这些特殊性决定其经济效益一般不明显。目前,大部分气象科技期刊未开展经营活动,主要依靠上级单位拨款或收取版面费维持,在扩大发行量、争取广告客户等经营方面投入人力财力相当有限。因此,多数气象科技期刊都将发展目标放在提高社会效益上,在办刊实践中,通过发挥自身优势,贯彻办刊方针,不断提高期刊质量,针对读者需求,组织优质稿源,以此赢得气象业界的较高学术声望和气象科技人员的普遍认可,从而达到提高社会效益之目的。

二、非核心气象科技期刊未来生存发展面临的问题

(一)因非"核心",难获气象科技人员青睐

"以刊论文"已成为目前运用最为广泛,也最便捷、最简单的学术评价方法,评价一个人学术水平高低往往只看他在"核心期刊"上发表多少论文(刘国防,2007)。这样的学术评价机制是否合理不在本文讨论之列;但现实是,大多数气象科技期刊因非"核心"而对气象科技人员明显缺乏吸引力和亲和力。这种现象的存在,责任不在气象科技人员,因为我国人事部门在职称评定、科研管理部门在科研绩效奖励、高校学位部门在学位授予上大多直接与"核心期刊"挂钩。这势必造成国内气象研究院所、有关高校和省级以上气象业务部门的高层次科技人员在选择研究论文投稿对象时一般不会将非核心期刊作为首选,除非被核心期刊退稿,又不想论文搁置,才会转投非核心气象科技期刊。"核心期刊现象"已成为非核心气象科技期刊编辑人员挥之不去的心头之痛,深知自己的期刊难以获气象科技人员的青睐、难有作为甚至无可奈何。

(二)优稿难求,办出特色殊为不易

稿源是科技期刊的生命之源,没有稿源,再优秀的编辑,也是"巧妇难为无米之

炊”。优质稿源决定科技期刊学术质量，是形成科技期刊核心竞争力的基础（宫福满和邓秀林，2008）。理论上讲，非核心气象科技期刊“优稿难求”问题可以通过采取一系列常规或非常规措施加以缓解，但措施可用于一时，不可用之长久。如《暴雨灾害》在成为“中国科技核心期刊”之前，编辑部为多争取创新意义大、学术价值高的优质稿件，曾尝试过有偿约稿、实地宣传、增加编辑加工批次、提供周到服务等举措，短期虽有成效，但未从根本上扭转优稿短缺的窘况。优稿短缺是制约非核心气象科技期刊特色形成的根本原因。在手头缺乏优质稿件的前提下，编辑很难在每期稿件配置和结构安排上做到合理调控。其必然结果：一是用稿质量难以确保，稿件的广泛性、多样性和区域性无从兼顾；二是选题策划难以落到实处，不能保证刊物每期有重点、有特色；三是期刊定位难以维持，受限于所发论文选题雷同、内容单一，编辑很难固守预期定位。

（三）出版周期长，提高学术影响力困难较大

总被引频次和影响因子已成为评价科技期刊学术影响力的两项重要指标，特别是影响因子在科技期刊综合评价体系中被赋予较大权重，一般来说，影响因子越大，科技期刊影响力和学术价值也越大（柳晓丽，2006）。非核心气象科技期刊多为季刊，出版周期较长，信息容量相对较小，实效性强的论文很难在第一时间发表，其所发论文的被使用和受重视程度自然不高。通常出版周期短的期刊更容易获得较高的影响因子，非核心气象科技期刊出版周期长，会有相当一部分引文因老化而不能被统计参与影响因子计算，从而使影响因子降低。出版周期长已成为制约非核心气象科技期刊学术影响力提高的瓶颈之一，其出版周期若不缩短，提高学术影响力的困难显而易见。

（四）编辑人手少，打造精品期刊难度不小

目前，多数非核心气象科技期刊在职编辑仅1～3名，既负责稿件初审、专家送审、编辑加工、版式设计，还承担稿费结算与发放、征订发行、论文上网，还要做好出版行政主管部门布置的报表填送、期刊年审、检查评比等，实际上既当编辑又做编务。如《广东气象》曾经很长时间只有1名专职编辑，未设编务，编辑长期超负荷工作，许多来稿不能及时处理，出版周期长导致作者不愿将好稿投来（吴婉萍，2006）。非核心气象科技期刊编辑部普遍实行编辑初审、专家复审、主编（编委会）终审三审制。不少稿件因学术质量和写作质量不高，在发表前要返修2～3次，有的甚至返修4次以上，编辑在与审稿人和作者联系沟通上耗时耗力。这种工作状况下，编辑压力很大，穷于应付，难有余力顾及选题设计、向资深专家约稿、针对重点项目组稿、宣传策划等探索性工作。然而，精品期刊打造恰恰需要编辑通过这些探索性工作来实现。非核心气象科技期刊编辑人手少，能保证刊物按期出版就已非易事，而要制订和实施精品期刊战略难度确实很大。

三、非核心气象科技期刊未来生存发展对策

(一)努力凝练刊物特色

当前,科技期刊要在竞争中立足并长期保持竞争优势,就需要走专业特色之路(金铁成,2006)。非核心气象科技期刊因种种原因,办出特色虽非易事,但也并非一筹莫展、无所作为。若能坚定信心、大胆实践,刊物特色有望逐渐形成。期刊之特色,关键在于稿件要有特色。在没有成为核心期刊之前,《暴雨灾害》编辑部一直努力追求特色化办刊和办刊特色化,始终坚持“求新求快”的办刊思路,密切关注各地暴雨事件或其他极端灾害性天气事件,主动向当地科研或业务人员约稿,尽快将其发表,成效较为明显。如针对2008年初我国南方地区罕见低温雨雪冰冻灾害,编辑部分头采取“人盯人”约稿战术,设法与作者谈合作、交朋友、话情谊,以此打动作者,所约3篇与冰雪天气灾害有关的研究论文均在当年《暴雨灾害》第二期以“冰雪天气研究”栏目推出;再如,2008年北京奥运会开幕之前,主动向北京一位资深专家约稿,提前发表1篇有关北京奥运期冰雹灾害风险评估的研究论文。这些特色稿件的发表,从一定程度上展示了《暴雨灾害》杂志特色。因此,积极组织具有较大社会影响、且新且快的特色稿件并将其尽快发表,应成为非核心气象科技期刊凝练特色的常态化工作。

(二)切实发挥编委会的作用

非核心气象科技期刊都设有编委会,但不少期刊的编委会流于形式,未能履行其职责。成立编委会的初衷不是为了排场或摆设,而是要其在期刊发展过程中发挥作用;编辑部只有紧紧依靠编委会、心中想着编委,让编委会正常运转,才能充分发挥其作用。编委会在办刊中的作用不可低估,编辑部应突出发挥其三大作用:一是智囊作用,就是通过建立健全编委个人信息库,定期或不定期召开编委会,让其为期刊生存发展建言献策;二是组稿作用,就是督促编委履行职责,让他们积极为刊物撰写或推荐稿件;三是学术把关作用,就是通过推行编委会审稿制度,对稿不对人,统一用稿标准,严格审查,做到公平公正,对拟发表的每篇论文必须最后在编委会上讨论通过,确保论文具有较高学术质量。一般来说,编委会成员绝大多数都是某一学科领域、某一专业方向的资深专家或技术权威,只要将他们的作用发挥出来,对促进非核心气象科技期刊发展就能起到事半功倍的效果。

(三)尽快建立或完善作者信息库

科技期刊之间的竞争实质上是为获得一流作者的竞争,谁得到一流作者的支持越多,谁就拥有生存与发展先机。因此,科技期刊必须将作者作为一种决定期刊质量、影响期刊品位、左右期刊知名度的公共资源来看待,认同他们是新理论、新技术、新发现以及高质量稿件的源泉(王银平,2002b)。为了保持与众多优秀作者的联系并得到其支持,非核心气象科技期刊建立自己的作者信息库势在必行。信息库主要

包括作者的职务(称)、工作单位、联系方式、研究方向、在研项目、主要学术成果等信息。充分利用这一信息库,就能得到作者支持,并提高期刊竞争力。如国内某一地区一旦发生社会影响重大的灾害性暴雨事件,《暴雨灾害》编辑部基本上都能及时联络到当地合适人选(多为暴雨方面专家或业务骨干)并与之签订稿约,助其亲赴现场考察、收集资料,写出针对性强、能供发表的学术论文,合适人选往往都是从作者信息库中筛选的。

(四)全面提高编辑人员的综合素质

编辑是非核心气象科技期刊的出版主体,其综合素质高低对期刊未来生存发展具有举足轻重的影响。因此,编辑要站在期刊求生存、求发展的高度,增强提高自身综合素质的自觉性,做到身体力行:一是坚持多层面学习不放松,只要是与办刊有关的理论知识、技术方法和法律法规,如气象基础理论、编辑业务知识以及《著作权法》《期刊出版管理规定》等,都要尽量熟悉并为我所用;二是坚持在编辑实践中学习不懈怠,立足工作岗位,努力加强语言文字修养,熟练掌握科技语言应用技巧,不断总结学术论文编辑经验,强化语言文字加工能力;三是坚持期刊规范化、标准化、国际化不动摇,特别是要不断提高英文阅读与写作能力,在英文题名和摘要规范上下功夫,力求使之适应海外读者对象的要求,增强可读性,尽量扩大刊物的国际影响。

(五)不断增强编辑人员的服务意识

作者对一份期刊的最初印象往往建立在编辑人员的服务细节上。非核心气象科技期刊能否在竞争中生存发展,取决于作者和读者的认可,尤其是作者的支持。作者是出版业的第一资源,为作者服务是编辑的天职(赵海霞和郭开选,2006)。编辑要继续挽留老作者和不断争取新作者,必先树立全心全意为作者服务的意识。体现在办刊实践中,就是要坚持以服务气象科研人员和气象科研事业为己任,想气象科研人员之所想,急气象科研人员之所急,密切跟踪在研科技项目,不断调整办刊思路,努力做气象科研人员的“贴心人”“及时雨”。如 2007 年 10 月,有一项中国气象局新技术重点推广项目结题在即,从中剥离出来的 10 多篇论文亟待公开发表,项目组负责人与多家刊物联系未果,便心急火燎找到《暴雨灾害》编辑部(当时《暴雨灾害》还未成为核心期刊);编辑部了解情况后,明知时间紧、任务重,果断承接此项出版任务。为取信科研人员,编辑部全员双休日和节假日加班加点,终于赶在年底最后一期《暴雨灾害》上将该项目所属 14 篇论文如数发表。此外,要适当兼顾基层气象台站业务技术人员的需求,鼓励他们向刊物投稿,对一些质量不高但有新意的稿件,编辑一定要下功夫修改并细心指导,以此挖掘潜在作者。

(六)持续开展宣传推介工作

相比核心期刊,非核心气象科技期刊在影响力上还有较大差距。要缩小这种差距,除了狠抓学术质量和服务质量外,刊物宣传推介工作也要常抓不懈。首先,扩大宣传面，除在本省本地开展常规性宣传外，还要适时到外省外地调研和宣传，也要面向相关研究机构、大专院校、气象业务部门、基层气象台站，展开针对性宣传；第二，主动派人参加有关专业或专题学术研讨会，到会场宣传或约稿；第三，敢于“走出去”，不定期深入气象科研或业务人员集中的群体或单位，宣传办刊宗旨，与作者或读者面对面交流科技论文写作方法；第四，及时更新期刊宣传册或宣传单，使其内容更具体、可读性更强、印刷更精美，随刊一起邮发；第五，重点围绕刊物影响因子和被引频次的提升，加强与同类期刊合作与交流，学习借鉴核心期刊的经验和做法，促使两项指标逐年上升；第六，自建网站，将期刊论文全部上网，供全国各级气象部门领导、专家、研究人员、预报人员和科技服务人员上网浏览、引用，不断扩大期刊影响。

四、非核心气象科技期刊发展需要群策群力、多方支持

上文基于办刊人视角，简单归纳了非核心气象科技期刊未来生存发展中的问题，作为承担期刊出版的编辑人，对困扰期刊未来生存发展的重大问题，不可视而不见、袖手旁观，必须积极作为。编辑个体也许能力有限，但只要群策群力、集思广益，围绕期刊定位和特色，多方协同，非核心气象科技期刊发展前景依然广阔。但上述论及非核心气象科技期刊发展问题时，并未涉及期刊运行体制机制上需要管理者思考和探究的深层次问题。

毋庸置疑，气象科技期刊的发展离不开主管单位和主办单位的支持，特别是主办单位的大力支持更为迫切和关键。《暴雨灾害》之所以能在短时间内从非核心气象科技期刊办成核心气象科技期刊，其中最重要的一点就是作为主办单位的武汉暴雨研究所给予了极大的支持。最初，暴雨所将《暴雨灾害》作为该所当时需要办好的 3 个合作交流平台之一，纳入“十一五”科技发展重点任务；同时，制订了相关激励办法，鼓励该所一线研究人员积极向《暴雨灾害》投稿。主办单位的这些举措对促进《暴雨灾害》跨越式发展起到了重要作用。

第三节　基于科技期刊可持续发展的作者资源保护与管理

随着同类科技期刊全方位竞争的不断加剧，那些相对处于劣势的期刊社或编辑部其稿源不足的问题日显突出，尤其是高质量稿件更是匮乏，这在很大程度上限制了科技期刊可持续发展。究其原因，作者资源萎缩或青黄不接直接造成了科技期刊来稿量小、优质稿件奇缺的窘境。以往许多科技期刊受出版经费不足、人员少、出版手段落后等客观因素的限制，在编辑活动中往往是穷于应付，依靠熟识的、他人介绍的、有限的作者的自由来稿以维持期刊按时出版，上至主编下到一般编辑人员，几乎没有时间和精力去考虑如何开发作者资源和管好作者资源的问题。这必然带来期刊稿件

选择余地小、选题低水平重复，其整体质量难以保证。因此，重视作者资源开发，切实加强对作者资源的管理，不仅是办刊人员的一项基本职责，也是促进科技期刊可持续发展并不断增强其竞争力、影响力和品牌效应的先决条件。

一、保护和管理好作者资源的重要意义

俗话说“巧妇难为无米之炊”。办一份刊物同样如此，编辑人员如果手头没有可供自己挑选、甄别、加工、采用的大量稿件，即使处理稿件的能力再强、策划选题和设计版式的本领再高，也难以办出一流的、受读者喜爱的期刊。由此可见，充足的稿源是科技期刊得以存在与发展的基本保障。但丰富的稿源不会从天而降，它只能依靠科技期刊新老作者源源不断地提供。要想从根本上解除科技期刊在竞争中不被淘汰的后顾之忧，就必须设法在编者与作者之间建立一种科学平等的信任机制。只有如此，科技期刊编辑才能有较大的选稿余地，才能把更多的精力集中在对稿件的深加工和精加工上，好中选好，优中选优，使科技期刊的内在质量不断提高。

稿源（稿件）来自作者，虽然作者资源不能决定科技期刊的一切，但其无疑能决定科技期刊的层次与品位。美国的《科学》、英国的《自然》杂志之所以能独树一帜，享誉全球，这与许多荣获诺贝尔奖的顶级科学家的看重和大量投稿支持不无关系。对科技期刊而言，既然作者是一种资源，对其就不能只强调利用而不注重保护和管理。对作者资源保护得好，不仅能赢得老作者、知名学者、权威专家的青睐与好感，而且还会不断将在学术研究中崭露头角的科技新人吸纳进来；如果忽视了对作者资源的保护，就会逐渐疏远老作者，使他们转向其他科技期刊投稿，势必造成稿源萎缩。

另外，作者资源在很大程度上决定着科技期刊的特色。无论是其知名度、影响面、吸引力，还是出版周期、读者定位、栏目设置、版式设计，都与作者资源的丰富性存在密切关系。作者资源越丰富，可供科技期刊编辑选用的稿件就越多，也越有利于编辑进行全新创意和整体策划，将有别于同类期刊的细微之处充分展现出来，从而凸显科技期刊的特色。反之，作者资源越匮乏，科技期刊编辑在编排稿件时就越缺少机动性和灵活性，即使身怀绝技和使出浑身解数，也难免捉襟见肘，望“特色”而兴叹。

二、保护作者资源的构想

保护作者资源说起来容易，做起来难。如何保护好科技期刊作者资源呢？从众多科技期刊的实际运作看，各有所侧重，没有定法。但有一点是共同的，那就是绝非把保护作者资源停留在口头上或书面上，而是想尽一切办法将其落实到具体的管理措施上，切实视作者为科技期刊的强大后盾。可见，保护作者资源的构想，应从改变编辑人员的办刊观念做起，迅速实现从以往轻视作者向当前尊重作者、团结作者和依靠作者的转变。

（一）从提高科技期刊的知名度着眼

对科技期刊来说，作者资源是一种流动性、有限的共用资源。一份科技期刊要想把握其流向，占有其中的最大份额，就必须保证在同类期刊的竞争中独领风骚，并成为广大作者首肯、认可、喜爱的刊物。所以，保护作者资源应从提高科技期刊的知名度着眼。一方面，科技名家（人）或科研成果高产出者毕竟是有限的，他们在完成一篇科技论文之后，首先会选择在 SCI、EI 等国际著名数据库收录期刊和国内级别较高的“核心期刊”“双效期刊”或“部（省）优期刊”之类的品牌期刊上发表。另一方面，任何科技期刊在选用稿件时都注重追求“名人效应”，希望每期都能刊登 2～3 篇或更多的本学科领域科技名家的稿件。这决定了科技期刊与作者之间的关系是一种双向选择的关系，编辑有选稿的自由，作者也有选择投稿对象（期刊）的自由，彼此不能强求。但一流的稿源、一流的作者无疑只流向一流的期刊。因此，为了不使拥有的作者资源流失或尽可能吸纳其他刊物的作者资源，就要在提高科技期刊的知名度上狠下功夫，不断增强其影响力和对作者的吸引力。

（二）从对科技期刊的合理定位着手

科技期刊的合理定位是其能够生存和发展的根本，保护作者资源也要从此方面着手。因为只有对科技期刊进行了合理准确的定位，才能及时划定属于自己的作者资源，制订有针对性的保护策略，采取行之有效的保护措施，减少其保护的盲目性，避免耗费不必要的人力和财力。在一定意义上，可以通过科技期刊定位达到优化作者资源的目的。即使是同一作者，由于其工作岗位变动，研究方向改变或兴趣发生转变，按照某一科技期刊的定位，该作者可能不再对这一刊物起到应有的作用，这时就应当及时将其从作者资源中排除。同样的道理，也可将新作者纳入到作者资源的范围内。具体到某一份科技期刊，其作者资源不是一成不变的，所以应随时根据其定位，该保护的要切实保护，该放弃的要果断放弃，使作者资源具有长效的利用价值。

（三）从提高对稿件的编辑加工水平着力

稿件是联系编辑与作者的纽带，作者主要通过稿件了解编辑，并由此对编辑的学问识见和编辑技能作出感官评价。对于编辑的责任心和实际工作能力，作者只需要对原稿和修改稿加以比照就会一目了然。可见，编辑在来稿的初审加工上是否下了大力气，这不仅关系到编辑自身声望高低，还关系到能否保护好作者资源。任何作者都不希望自己的稿件被越改越糟，只希望其越改越好，当然也没有任何有良知的编辑主观上愿意将作者的稿件改得一塌糊涂。但在作者的期望与编辑的实际能力之间，经常存在着对等或不对等的问题。那么，从塑造自身形象的角度出发，编辑应通过精湛的技艺和辛勤的付出来保证经过自己修改加工后的稿件质量明显优于作者的原稿，才能赢得作者的信服，确保作者资源不流失。

有人提出，稿件修改工作要切实以编辑为主导、以作者为主体，编辑只需在仔细阅读原稿的基础，从出版角度提出修改思路、内容及方法供作者思考并借鉴（陈静等，2001）。这对于写作水平较高、文字处理能力较强的作者来说当然行得通，而对难以独立承担修改任务的作者，编辑仍需助一臂之力。特别是有些稿件，就其内容而言，尚有发表价值，但存在的问题也确实不少，编辑不宜将其一退了之，要耐心进行细致加工，使稿件达到发表要求，以此感动作者。

三、加强作者资源管理的对策

既然作者对科技期刊而言是一种宝贵的智力资源，只有在对其进行有效管理的前提下，才能做到有效利用。作者资源有别于其他人力资源，它与科技期刊之间不是简单的合同或契约关系。作者资源管理的目的在于，在作者与科技期刊的双向选择中，促使科技期刊始终保持着对作者的吸引力、凝聚力和亲和力。在当今同类科技期刊竞争日趋激烈的背景下，如何加强作者资源管理，应当引起主编和其他编辑人员的高度重视。主要对策如下：

（一）慎收版面费，按质论酬

当前，与在综合类报纸或生活类流行杂志上发表文章相比，在科技期刊上发表一篇科技论文，编辑部付给作者的稿酬明显偏低，每千字多则近100元，少则几十元；有的科技期刊的作者稿酬部分或完全来源于作者缴纳的版面费或发表费。尤其是那些没有在研项目的科技人员所投送的论文，即使论文质量较高，也可能会因为无法承受数百元或数千元的版面费而导致论文延迟发表甚至不能发表，这势必造成作者不良的心理反应。来稿能否发表的唯一标准是质量，至于向作者收取一定的版面费，在实际操作中要慎重，不能不看对象、不论条件一律强制执行。如果为了一点经济利益而以损害科技期刊的形象和声誉为代价是得不偿失的，这也无疑是管理作者资源的误区。

另外，在稿酬的发放上，许多科技期刊的做法是按论文字数或版面多少付酬。这样，知名专家或科技新人的高质量论文，与普通科技人员的一般化论文相比，其稿酬应有的差距并未拉开。在这种情况下，有些作者甚至是著名学者愿意将自己所撰写的科技论文投寄给稿酬较高的科技期刊，自然是可以理解的。所以，较为科学的稿酬发放办法就是按照论文质量高低以一定基数线上下浮动。这样就可在作者资源管理中充分体现出一种人文关怀。

（二）注重情感投资

一般来说，作者在整个科研活动和论文写作过程中，都有着强大的精神动力，即渴望取得对人类社会进步和科学事业发展有所贡献的研究成果，并被社会承认和受到世人尊敬，以选择发表论文来获得一种愉悦的成就感。其实，某些作者看重与科技期刊和编辑的长期合作要远甚于稿酬的多寡。因此，在作者资源管理过程中，科技期刊编辑要多一点人情味，不吝惜情感投资。这里所说的情感投资并非是用金钱来衡量的物质利益，更多的是精神层面上的相互欣赏与激励。对大多数作者来说，在情感（被认可）与物质的天平上，前者的分量要厚重得多。至于情感投资的方式，多种多样，但最简单的做法莫过于平时多向作者请教专业问题或办刊建议，逢年过节发一个手机短信或打一个电话进行礼节性问候，有机会出差时登门拜访、致谢等。这类看似微不足道的情感投资，所获得的回报或许是编辑意想不到的。

（三）要有为作者服务的意识

科技期刊是编辑与作者付出的共同劳动而创造的人类精神产品。双方的人格尊严与学术追求实际上是平等的。编辑不能因为手握对稿件的生杀大权而以居高临下的态度看待作者。编辑要想成就一番事业，必先成为作者的朋友，赢得作者的尊重和支持，为此非有强烈的服务意识不可。有了为作者服务的意识，作者资源管理才有了可靠的思想保证。服务意识体现在编辑的行为上，不仅要求了解作者的研究领域、写作风格以及已取得的科研成果，还要热心对作者的论文提出有见地的看法和意见，让作者在与编辑打交道的整个过程中始终能感受到热情的服务和无微不至的关怀。当然，这种服务是对所有支持期刊的作者而言的，应一视同仁。编辑在为知名作者热情服务的同时，还要注意对新作者的发现与培养，并给予鼓励和指导。这不仅是编辑的一种责任，也是保证作者资源永远具有活力的基础。

（四）善待来稿

作者资源管理，实质上就是对作者来稿的妥善管理。编辑对来稿处理得及时、到位，自然会得到作者的感念。对于作者的投稿行为，每一个编辑都应始终怀有一种感恩的心态，且不论来稿质量优劣与否（王银平，1999）。毋庸置疑，绝大多数科技工作者写成一篇论文都要花费大量的时间和心血，编辑只有懂得尊重作者的“劳动成果”，才不会怠慢之，也才能善待之。因此，对于投到编辑部的所有稿件，编辑都要认真对待，并按稿件处理流程对其进行登记、初审、送审、回复。不管来稿能否被刊用，都有必要向作者诚恳表明观点。对于回复工作，许多期刊图简单省事，并未认真去做。有的干脆就不回复，让作者在某一时段内未收到稿件修改或录用通知自行处理；有的三言两语，随便就给退稿了。这既有编辑部本来人手少、来稿多造成工作量大、耗费时间精力多等客观原因，也不可否认有思想上轻视作者的主观因素。

作者资源管理中的难点之一是关系稿、人情稿、打招呼稿的困扰。这类稿件一般都达不到发表要求，但编辑又很难拒绝，最终不得不为其开“绿灯”。处理此类稿件，确实是对编辑职业道德和人格操守的考验。克服这一难点的唯一办法就是不徇私情，不拿原则做交易，严格遵守职业道德、按规办事。

（五）重视交往能力的锻炼

在实现作者资源管理的过程中，编辑免不了要同作者进行面对面、电话或电子邮件交往，这种交往必先借助语言来启动。无论是使用书面语言、网络语言还是口语，编辑都面临着如何表达和沟通的问题，这一问题的解决有赖于编辑交往能力的提高。要想具有较强的交往能力，首先，编辑要表现出对工作认真负责的态度，坚持平等互利原则，端正工作态度，不断提高工作质量，以此赢得作者的敬佩，然后获得作者的好感；其次，作为一名职业编辑，在整个职业生涯中，要通过规范自己的一言一行塑造良好形象，扩大自身的知名度，以人格魅力和知识修养吸引作者的关注，激发作者的交往欲；最后，要熟悉有关交际语言，灵活运用有关交际手段。如接待来访者，除了使用必要的问候语之外，还要笑脸相迎、起身恭候、热情与之握手，尽量给让个座和倒杯水。只有这样，编辑才能与那些具有较高学术造诣的专家、学者和普通作者真正交上朋友，才能建立一支稳定的、高素质的作者队伍，才能不断改进和提高自己所编辑的出版物的质量（东红，2000）。

第四节　气象科技期刊发展中学科带头人的地位与作用

气象部门学科带头人这一群体是我国气象科技期刊的主要支持者和合作者，是气象科技论文的主要制造者和贡献者，也是气象科技信息的主要传播者和受益者。关注我国气象科技期刊未来发展走势，就有必要关注气象部门学科带头人的地位与作用，充分调动他们热情参与促进气象科技期刊可持续发展的积极性，争取他们对气象科技期刊更多更大支持，以此创造气象科技期刊未来发展的良好前景。近年来，在各级气象部门，学科带头人越来越受到所在部门的高度重视，并被摆在了“人才工程”的重要位置上。本节中所谓学科带头人，是指在气象行业某一单位某一工作岗位上具有极高的学术水平，能够带领、指导和组织有关人员开展气象学术研究或业务，并取得重大研究成果或业务成绩的专家群体，专家群体包括重大项目负责人、首席预报员、拔尖人才、业务骨干、青年新秀等。在以科技创新为引领开拓气象现代化发展的新时期，究竟以什么观念从怎样的高度去看待、认识学科带头人的地位和作用呢？

一、气象部门学科带头人的地位

学科带头人一般都是掌握了一定的科研方法、有一定的学术功底并具有强烈的敬业精神和一定组织能力、能在学术研究中起主导作用的人。可见，学科带头人的基本素质和综合素质均高。他们在长期的科研活动中，不仅形成了顽强的科研工作作风，而且具有了相当高的气象学术理论水平和丰富的实践经验。因此，随着学科带头人科研成果的不断推出和工作业绩的更加突出，其社会地位、经济地位与学术地位就应得到相应的提高。

（一）学科带头人的社会地位

新时期人才的培养，是气象部门推进事业持续健康发展的战略重点之一。事实上，学科带头人已构成气象部门的科技精英。用人单位有必要从三个方面强化学科带头人的社会地位：一是重用，对于学科带头人，贵在大胆启用，疑人不用、用人不疑应成为用人的基本原则之一，不仅要让学科带头人独当一面，而且还要使其具有一定的管理权限，不随意干预其研究计划和研究方向；二是尊重，尊重人才是稳定人才和用好人才的前提条件，是衡量人才社会地位高低的“晴雨表”，谈到尊重人才，不能光停留在口头上，一定要有实际动作，作为用人单位，其领导在重大决策方面，要主动邀请学科带头人参与，并虚心听取他们的意见和建议；三是宣传，学科带头人社会地位的提高不能在值班室或实验室中解决，大力宣传学科带头人的敬业精神、治学态度和所取得的重大科研成果，不断提高他们在社会上的知名度和影响面。

学科带头人社会地位的提高，除了用人单位的大力扶持和积极宣传之外，其自身也要做长期不懈地努力。一方面，学科带头人在刻苦钻研气象科学理论与技术的同时，还要努力学习政治理论，树立正确的世界观、人生观和价值观，努力养成一种实事求是的工作态度和奋发有为的工作作风；另一方面，要不断提高自身知识水平，更新知识结构，以便适应气象业务现代化建设和气象科技进步的需要。

（二）学科带头人的经济地位

在推动人才强国战略目标实现的过程中，撇开经济利益，单纯强调学科带头人的精神动力是不利于人才强国的。气象部门在对科技人才的管理任用中，“吃大锅饭”“论资排辈”的现象仍普遍存在，按劳取酬的原则还需进一步完善。因此，为顺应新时期气象科技事业发展的大趋势，学科带头人的经济地位要相应跟进，其优越性要予以多层面体现。

第一，克服学科带头人在职称评聘上“论资排辈”的局限。在现阶段，气象科技人员的工资、奖金和各种政策性补贴都与其职称紧密相连。随着气象部门中、高级职称评聘逐步制度化、规范化，要敢于迅速转变“论资排辈”的观念，对成绩突出的青年学科带头人要从宽从快给予破格，尽早解决存在于少数青年学科带头人中贡献大而待遇偏低的问题。

第二，切实解决好学科带头人的后顾之忧。学科带头人从事科研事业的时间和精力都是有限的，为了让他们多出成果、快出成果而把时间和精神尽可能多地向工作倾斜，对他们的生活就要给予多方面关心照顾，如住房、夫妻分居、子女入托上学、身体健康状况等实际问题，能及时解决的，就决不拖延；有一定难度的，要拿出具体办法尽快解决。

第三，打破常规，对取得重大科研成果的学科带头人实行重奖。奖励机制的良性运作可以促使学科带头人多出成果、出大成果，虽然奖励并非唯一的物质奖励，但必要的物质奖励也是不可缺少的。只要奖励有利于学科带头人创造力的再开发，就应根据其所取得成果的大小分别给予奖励，小成果小奖，大成果大奖，对社会经济效益十分显著的重大成果，要敢于打破常规，果断给予超乎人们想象之外的重奖。

（三）学科带头人的学术地位

追求学术成就是学科带头人潜心科学研究、解决重大业务服务技术难题的精神动力，而追求学术地位则是学科带头人执着于科研工作、克难攻坚的现实动力；然而，学术地位的高低又有赖于学术成就的大小。学科带头人在创造学术成就的过程中，需要有一个适宜自我价值实现的宽松的外部环境。因此，保证学科带头人学术思想自由和精神放松是奠定其学术成就也即学术地位的重要条件。

学科带头人的学术年龄最终要受到其生理年龄的限制，但在对自身学术地位的认可上，学科带头人较容易产生一种再难超越的“极限”感。其实，高级科技人才的创造创新潜力很大，关键是要保持一种勇于探索、乐于奉献、有所作为的信念，不以任何理由排斥各种相关学术交流活动。另外，建立健全学科带头人的合理流动机制也有利于其学术地位提高。

为了取得更大的学术成就，追求更高的学术地位，学科带头人尤其是青年学科带头人总要寻找机会进修或深造。因为学科带头人要想适应现代气象科技的迅速发展，必要的进修培训或深造提高是不可缺少的。因此，进修或深造是学科带头人积蓄竞争实力，提高自身学术地位的重要途径。

二、气象部门学科带头人的作用

在气象部门，学科带头人的作用是不可低估的，也是显而易见的。如学科带头人的投入和参与，能加快气象业务现代化进程、取得有价值的科研成果、促进气象科技期刊论文质量和水平大幅提升、提高单位在社会上的知名度、带来广泛的社会效益和可观的经济效益等等。诸如此类的作用都呈显性状态，而学科带头人本身还蕴含一种超乎寻常、也更具有长远意义的隐性作用。这种隐性作用虽没有显性作用的可视效果，但其作用的广泛性和长效性则是显性作用无法比拟的。从实践中加以归纳，学科带头人主要具有榜样、导向和协调等三种隐性作用。

（一）学科带头人的榜样作用

学科带头人，既不是一种行政职务，也不是一种技术职称，而是一种建立在学术成就之上的荣誉。这种荣誉是科技人员凭借多年科研实践经验和所取得的相当数量的科研成果而被授予的，受这种荣誉的激励，学科带头人在从事科学研究的过程中一般都能身先士卒、吃苦耐劳，并自觉地提高自身的思想素质和科研能力，其精神和行为无形中为同辈人以及后来者树立了榜样。榜样的力量是无穷的。学科带头人的人格力量渐渐转化成了巨大的凝聚力，并感染和鼓舞其他科技工作者。他们的榜样作用不仅体现在个体素质的示范上，更体现在对群体良好学术空气的形成上，既能增强科研人员岗位竞争意识和调动大家刻苦钻研、奋发上进的积极性，又促使科研成果不断问世。

（二）学科带头人的导向作用

在气象部门工作条件和生活待遇还不够好的状况下，学科带头人良好的精神面貌、较强的敬业意识与较大的学术成就，可以成为其他科研人员努力塑造自我最佳形象的导向。

学科带头人的导向作用具有较深的潜在性。重视这种导向作用的存在，有利于气象科技事业的发展，尤其是有利于形成良好的学术氛围、有组织地开展科研活动以及稳定科研队伍。对日益增多的青年气象科技人员而言，学科带头人的正确导向可以避免他们受到社会上错误价值观的不良影响。培养他们从事科研工作的兴趣和对取得科研成果的荣誉感，而这种兴趣和荣誉感又可满足青年气象科技人员对事业追求的精神需要。事实证明，精神需要的满足往往比物质上的满足更能激发青年人的成才热望。

（三）学科带头人的协调作用

随着气象科学研究和技术开发的进一步深入，过去那种一人一个课题甚至一人多个课题的研究形式已逐步为课题组成员群体协作的形式所替代。协作中，确定一个既能承担课题设计又能监督课题具体实施的骨干人物，便显得非常迫切和重要。实践证明，学科带头人有条件有能力充当牵头人的角色。

学科带头人在科研活动中协调作用的成效关键在于其自身的学术威望。此外，对于那些视科学研究为毕生事业的学科带头人，给予他们必要的权限，更有利协调作用的发挥；有理由相信，学科带头人在行使其职权时，始终关注的是气象科技事业的未来发展，他们把单位作为开拓科研领域和探索学术理论的试验基地，团结课题组成员，发挥群体力量，站在更高层次上思考气象科学研究的新课题、探求解决学术问题的新方法。这种隐性的协作作用是任何行政手段都不能获得的。

三、实现气象科技期刊与学科带头人共赢

学科带头人不是招之即来，呼之即出的，他们必须经过多年的正规教育、多年的实践磨炼才能产生。淡化对学科带头人地位和作用的认识，势必会造成日益发展的气象科技事业后继乏人。因此，深化对现有学科带头人的管理，要做到认识到位、措施到位，要结合本单位事业发展规划，制订出实施方案，使每一个学科带头人都能人尽其才，并经常保持一种良好的竞技状态，以充分调动学科带头人的积极性、创造性，激励他们把聪明才智最大限度地发挥出来。

在学科带头人地位不断提升和作用充分发挥的过程中，气象科技期刊要参与其

中，要牢固树立为学科带头人服务的意识，坚持学科带头人是气象科技期刊赖以生存和发展的生力军的观念，及时回复他们在科技论文写作和发表过程中遇到的问题，为其提供论文写作格式、图表制作与使用规定、参考文献著录等规范，优先录用他们撰写的具有创新性的学术论文，积极争取他们长期对气象科技期刊编辑出版工作的关心与支持，努力实现气象科技期刊与学科带头人共赢。

参考文献

曹卫平,2005.谈谈合作学习中如何培养学生的问题意识[J].文教资料,(22):164-165.

曹作华,田力,2001.做好文稿的退修工作[J].编辑学报,13(6):351-352.

常思敏,2003.科技论文的质量及其构成因素[J].中国科技期刊研究,14(5):479-481.

陈灿华,2004.科技期刊充实和稳定作者队伍的措施[J].编辑学报,16(3):217- 218.

陈浩元,2005.著录文后参考文献的规则及注意事项[J].编辑学报,17(6):413-415.

陈静,高小丽,刘新喜,2001.编辑的误区行为及其修正方法[J].编辑学报,13(6):320-321.

陈翔,2010.科技期刊编辑初审质量控制体系建设[J].编辑学报,22(3):211-213.

陈朝晖,黄寿恩,2007."文责自负"的认识误区及解决问题的途径[J].编辑学报,19(1):11-12.

程春开,李昕,孙立杰,等,2002.写好稿件退修意见的"一二三四五"[J].编辑学报,14(6):425-427.

程国洲,2006.撰写科技论文应重视的几个质量问题[J].中国矫形外科杂志,14(20):1521-1522.

丁春,2008.论参考文献的引用原则、著录要求及编辑审稿要点[J].中国科技期刊研究,19(4):532-534.

丁平,吴练达,2007.编辑应该如何看待专家审稿意见[J].广州城市职业学院学报,(1):70-75.

丁一汇,张锦,宋亚芳,2002.天气和气候极端事件的变化及其与全球变暖的联系[J].气象,28(3):3-7.

东红,2000.论编辑责任心的心理结构[J].编辑学报,12 (4):193-195.

杜大力,2009.中国科技期刊改革开放 30 年[J].编辑学报,21(1):1-4.

范克利,2010.科技期刊责任编辑审稿实践探析[J].中国科技期刊研究,21(5):710-712.

付春玲,2007.普通高校理工学报防止优质稿件流失的若干措施[J].编辑学报,19(5):375-376.

高玉祥,1986.个性心理学概论[M].西安:陕西人民教育出版社:57-58.

宫福满,2004.科技期刊编辑要树立威信[J].编辑学报,16(6):453-454.

宫福满,2006.高校学报编辑心理完善的 4 个维度[J].编辑学报,18(6):458-459.

宫福满,邓秀林,2008.科技期刊稿源的可持续经营[J].编辑学报,20(2):103-105.

顾冠华,2003.学术腐败现象的成因与治理[J].编辑学刊,(1):16-19.

郭建宏,2010.试析我国学术不端行为的特点及治理[J].社会科学管理与评论,(1):49-52.

韩星明,陈洁,1995.科技学术论文的选题及取材与写作[J].西安理工大学学报,11(2):155-159.

韩志伟,2013.关于开展作者自审的探讨[J].编辑学报,25(4):315- 317.

何洪英,李家林,朱丹,等,2007.论科技学术期刊论文的编辑初审[J].编辑学报,19(1):17-19.

胡亚明,2006.科技论文的选题与写作技巧[J].重庆工业学院学报,20 (10):202-204.

黄政,郝希春,汪峰,2009.编辑应重视对科技论文参考文献的审核[J].编辑学报,21(4):310-311.

姬永成,石荣,2008.论新时期科技期刊编辑的角色定位[J].中国科技期刊研究,19(4):662-664.
姜艳秋,1999.从科技论文的特点看科技论文的选题[J].沈阳航空工业学院学报,16(2):87-90.
江舟群,2003.高校学报选题策划3原则[J].编辑学报,15(5):338-339.
金铁成,2006.普通高校学报长期保持专业核心期刊地位的对策[J].编辑学报,18(6):445-446.
柯文辉,林海清,翁志辉,2013.学术期刊清样作者校对环节中编辑的工作要点[J].编辑学报,25(1):37-38.
雷琪,2008.学术期刊编辑的文化素养[J].中国科技期刊研究,19(2):287-289.
李建军,刘会强,2010.科技期刊编辑电话约稿的特点与方法[J].编辑学报,22(4):288-290.
李军纪,姚密红,2008.提高科技期刊编辑审稿质量的实践与体会[J].中北大学学报(社会科学版),24(5):95-96,100.
李树华,2009.科技期刊编辑的高境界:洞见和齐物[J].编辑学报,21(1):89-90.
李晓东,2002.科技论文的选题与写作[J].内蒙古气象,(4):9-10.
李学军,王小龙,白兰云,等,2010.主题性期刊办刊模式探索[J].编辑学报,22(2):172-174.
李云霞,2005.加强审稿专家队伍的动态管理——《中国农业科学》编辑部的实践[J].编辑学报,17(1):66-67.
梁丽,张洋,2008.医学期刊指导基层医院作者写作的方式与内容[J].编辑学报,20(5):441-442.
欧宾,2009.论增强期刊社群体凝聚力的途径——以西南大学学报编辑部为例[J].编辑学报,21(5):446-448.
廖肇银,2000.掌握编辑约稿的主动权[J].编辑学刊,(3):18.
林丽珊,李琼,梁建茵,2006.共同努力,提高气象科技期刊的影响力[J].中山大学学报论丛,26(10):134-136.
林松清,张海峰,2011.加强科技期刊编委的职能作用与相应对策[J].编辑学报,23(5):424-425.
刘国防,2007.核心期刊现象透视[J].新疆大学学报(哲学·人文社会科学版),35(4):159-160.
刘汉民,2000.论公安创新人才的培养[J].政法学刊,17(1):77-80.
刘钦普,2010.论科技论文的写作技巧[J].中国校外教育,(9):76-77.
刘玮,李穆,案奕,等,2008.科技期刊赠予论文作者当期样刊的人本理念[J].中国科技期刊研究,19(3):478-480.
柳晓丽,2006.提高科技期刊影响因子的途径探讨[J].编辑学报,18(4):285-286.
卢佳华,2008.高校学报稿源竞争形式下的组稿方式[J].江汉大学学报(社会科学版),25(4):118-121.
鲁星,翁永庆,2003.对当前科学技术期刊工作的几点认识[J].编辑学报,15(1):1-3.
陆宜新,2007.学术期刊编辑部团队管理中的环境建设[J].中国学术期刊研究,18(3):502-504.
栾学东,2014.编辑的职业倦怠及其调适[J].现代出版,(2):48-51.
罗一新,2004.科技期刊编辑应热心为作者服务[J].编辑学报,16(2):141.
马劲,2004.创立并利用杂志品牌开展多种经营[J].编辑学报,16(1):69-71.
马兰兰,徐若冰,李雪莲,2011.科技期刊约稿中的问题和应对[J].编辑学报,23(4):344-345.
马黎,2007.编辑的工作激情及其转化[J].编辑之友,(3):49-50.
马笑霞,陈振江,2000.学生创新能力培养的心理学思考[J].山东电大学报,(4):30-31.

缪宏建,2006.科技期刊青年编辑的主要特点、成才标准及培养措施探讨[J].泰州职业技术学院学报,16(5):54-56.

庞海波,2011.科技学术期刊编辑对学术不端行为的认识误区与防范策略[J].编辑学报,23(2):103-104.

钱文霖,1992.科技编辑方法论研究导扬[M].武汉:华中理工大学出版社.

秦瑜,2005.科技论文的两类退修信[J].编辑学报,17(2):137-138.

任火,2000.编辑思维系统论[J].编辑学报,12(1):37.

沈林,2005.科技学术期刊编辑学者化的途径[J].编辑学报,17(5):385-386.

石朝云,游苏宁,2008a.医学期刊常见质量问题分析[J].中国科技期刊研究,19(2):240-242.

石朝云,游苏宁,2008b.文后参考文献引用“公开性”原则的探讨[J].编辑学报,20(3):267-268.

施珏,2001.科技期刊的文字问题[J].编辑之友,(2):46.

孙群,1998.学报编辑与跨世纪科技人才培养[J].编辑学报,10(1):26-28.

孙群,汪海英,2008.牢牢把握期刊编辑的职业操守[J].中国科技期刊研究,19(3):452-454.

唐巧风,史庆华,2002.科技写作常见病——重复叙述[J].科技与出版,(2):41-42.

唐耀,2011.对科技期刊审稿周期的思考[J].科技与出版,(9):53-57.

陶范,2004.退修论[J].编辑学报,16(2):89-91.

陶范,2006.参考文献引用原则辨析[J].编辑学报,18(4):252-254.

田宏碧,张志强,2011.中国大陆编辑心理健康研究评述[J].出版科学,19(6):23-26.

田文霞,2003.论科研选题应注意的几个问题[J].理论观察,(2):38-39.

王桂珍,2008.支付稿酬:编辑出版中不容忽视的重要问题[J].中国科技期刊研究,19(1):135-137.

王鸿生,2004.学术研究中的问题[J].中国人民大学学报,(4):26-33.

王慧兰,孙树江,2001.论科技期刊的专家审稿与编辑把关[J].沈阳农业大学学报(社会科学版),(2):140-142.

王君,王魁山,2008.省级气象科技期刊发展研究[J].气象与环境科学,31(1):70-74.

王平,2004.参考文献引用原则的探讨[J].编辑学报,16(1):35-36.

王萍,杨淑珍,于智龙,等,2011.科技期刊编辑初审对论文质量的影响[J].编辑学报,23(5):414-415.

王晓梅,曹求军,张杨,等,2009.如何提高科技期刊编辑的初审质量[J].编辑学报,21(5):456-457.

王昕,王有登,骆瑾,2008.编辑流程中对专家审稿意见的分析、反馈与核查[J].编辑学报,20(1):22-24.

王银平,1999.如何正确处理科技期刊编者与作者的关系[J].科技与出版,(增刊):75.

王银平,2000.科技期刊编辑在办刊中的能动作用[J].中国科技期刊研究,11(3):187-188.

王银平,2002a.气象科技论文的选题原则和渠道[J].暴雨灾害,21(2):42-44.

王银平,2002b.科技期刊作者资源的保护与管理[M]//郭俊才.湖北省科技期刊研究(第十辑).武汉:武汉理工大学出版社:72-74.

王银平,2006.强化稿件退修信的感情色彩之我见[J].武汉科技大学学报:社会科学版,8(5):94-96.

王银平,2008.作者写作水平的影响因素及其提高途径[J].江汉大学学报:社会科学版,25

(4):125-127.

王银平,2016.论科技学术期刊编辑在初审中对作者的引导作用[J].湖北师范学院学报(自然科学版),36(3):206-209.

王银平,2017.科技论文创新性编辑初审三例[J].武汉商学院学报,31(5):94-96.

王银平,邓雯,2000.如何提高气象科技论文的投稿命中率[J].内蒙古气象,(4):29-30.

韦佳,2003.田中耕一其人其事[J].日本学刊,(2):154-158.

吴小勇,1998.关于讲技期刊编辑学研究的一些思考[J].编辑学报,10(3):126.

吴学军,赵卫星,2011.科技期刊计划组稿的模式——以《上海电机学院学报》为例[J].编辑学报,23(1):58-59.

吴红光,陈道斌,2003.科技论文题名的信息构成及语言表述[J].编辑学报,15(6):418-419.

吴婉萍,2006.树立三气象理念,促进《广东气象》改革[J].中山大学学报论丛,26(1):177-180.

肖兰,2001.浅谈市场经济形势下编辑室主任的作用.科技与出版,(2):8-10.

谢巍,2000.学术论文被动挂名作者现象浅议[J].编辑学报,12(1):61.

谢贞,王红丽,王雅西,等,2008.论文写作讲师团在提高编辑质量中的作用[J].编辑学报,20(3):253-254.

许花桃,刘淑华,傅晓琴,2010.缩短稿件处理周期的实践[J].编辑学报,22(1):64-65.

徐云峰,陆海燕,张文涛,等,2012.科技学术期刊的稿酬问题和应对措施[J].编辑学报,24(3):261-262.

杨春华,王桂枝,张利,2009.生物医学领域的学术诚信危机与应对[J].预防医学情报杂志,25(4):299-301.

杨小鸣,2000.论编辑的人文精神和科学精神.编辑学报,12(4):192.

杨志顺,2006.科技论文写作的语言要求[J].重庆工业学院学报,20(7):206-207.

姚弘芹,曾华锋,2009.试论学报质量与编辑的素养[J].北京理工大学学报(社会科学版),11(1):103-106.

姚悦,2008.市场营销理念下技术类期刊的编辑行为[J].编辑学报,20(6):475-477.

游苏宁,2005."双效""双爱"期刊:办刊人的最高追求[J].编辑学报,17(2):79-80.

游苏宁,2008.对科技期刊国际化有关问题的反思[J].编辑学报,20(1):1-4.

游苏宁,韩晓明,陈炜明,等,2000.中华医学会精品期刊考察团出访英国[J].编辑学报,12(1):59-60.

游苏宁,石朝云,2008.应重视科技学术期刊的社会责任[J].编辑学报,20(6):471-474.

余蓉,杜牧云,李国梁,等,2014.武汉市油气库雷电预警服务系统设计与应用[J].暴雨灾害,33(4):407-412.

宇文高峰,2001.科技期刊编辑工作中的悟性[J].编辑学报,13(6):318.

余效诚,2001.在新形势下如何做好期刊主编工作[J].编辑学报,13(3):166.

袁风杰,李耀先,2005.我国气象科技期刊发展与作用[J].广西气象,26(4):45-50.

章国材,2006.防御和减轻气象灾害:2006年世界气象日主题[J].气象,32(3):3-5.

张凯英,刘伟,田宏志,2009.做好信息时代科技期刊的收稿工作[J].编辑学报,21(1):62-64.

张萍,2002.论选题在整个科研工作中的重要地位[J].农业科技管理,(3):24-25.

张文，2010. 医学期刊组稿的方法与技巧[J]. 编辑学报，22(3)：214- 215.
张雅斌，乔娟，屈丽玮，等，2016. 西安“8・3”大暴雨的环境条件与中尺度特征分析[J]. 暴雨灾害，35(5)：427-436.
赵更吉，马宇红，2006. 用“第三只眼”看科技学术期刊审稿人[J]. 编辑学报，18(5)：362-363.
赵海霞，郭开选，2006. 构建和谐的编辑理念[J]. 编辑学报，18(3)：227-228.
赵茜，2007. 科技论文初审方法[J]. 编辑学报，19(4)：273-274.
赵中波，辛均志，2008. 读者意识：科技学术期刊值得思量的问题[J]. 江西教育学院学报：综合，29(3)：123-125.
中国科学技术信息研究所，2002，2001 年中国科技论文统计与分析[R].
中国科学技术信息研究所，2011，2010 年中国科技论文统计结果[R].
钟天明，2001. 知识经济背景下科技期刊的变革与编辑的转型[J]. 编辑学报，13(2)：93.
钟细军，2010. 论科技学术论文创新性的初审评价[J]. 编辑学报，22(2)：108-110.
周立君，侯贵卿，2006. 影响我国科技期刊发展的因素及相应的对策[J]. 编辑学报，18(S1)：81-83.
周作新，2002. 编辑应以帮助作者提高稿件质量为己任[J]. 编辑学报，14(5)：336- 337.
朱大明，2007a. 初审编辑鉴审科技论文创新性的几个途径[J]. 中国编辑，(1)：42-43，61.
朱大明，2007b. “以问题为中心”的审稿模式[J]. 编辑学报，19(6)：426-427.
卓选鹏，赵大良，2012. 莫叹专家赐稿难 转变思路谱新篇——本刊“专家述评”栏目约稿实践中的 4 个转变[J]. 中国科技期刊研究，23(1)：137-138.